センスが
UPする↗

動画編集の教科書

カットつなぎ・構図・音・色・文字

Rec Plus

BNN
Bug News Network

はじめに

私たちRec Plusは「Recording＝記録する」と「Plus＝付加価値をつける」の意味を込めて結成したチームで、「Share Interest」（楽しさの共有）をテーマにクリエイティブな情報や体験を発信しています。

Rec Plusは、以下の3つの価値観を大切にしています。
1. 心から楽しい（Interesting）と思えるものを追求し、見極め提供すること
2. 常に受け手の心に寄り添い、課題解決に向けて行動すること
3. 全てに対して前向きに取り組み、そこから何かを学ぼうとすること

動画編集は、映像・画像・音・文字・絵・記号など多くの情報を伝えることができる、唯一無二とも言える伝達手段です。そのため、多くの人の感情や行動に強い影響を与えることができます。

しかし、だからこそ整理して伝達するのが難しく、知識やスキルがないと意図したことが伝達できなかったり、「何か違う？」といったモヤモヤの原因になることが多々あります。

そこで本書では、「よりクオリティが高く、よりセンスのある動画編集をするため」に知っておきたい基礎知識やスキルをまとめています。できる限り、編集ソフトに依存しない知識・スキルを詰め込んでいますので、ぜひ参考にしてみてください。

クリエイティブは非常に奥が深く、根本的な知識やスキルを学ぶことで、より自分の意図が人に伝わる動画、人を魅了できる動画が作れるようになると思います。それだけでなく、付加価値として「クリエイティブを観る目が肥える（＝解像度が上がる）」ことで、世の中のクリエイティブから、これまで以上に制作者の意図を汲み取れるようになり、新しい楽しさを感じることができると思います。

動画編集の入門者・初心者の方はもちろん、中級者の方で動画編集の根本を復習したい方にもぜひ手に取っていただけると幸いです。

動画編集を通じた「クリエイティブの楽しさ」を、そしてその先にある「クリエイティブは人生を豊かにする」、そんなヒントになればと思います。

Rec Plus

CONTENTS

Lesson 3
「構図」でセンスを磨く

Lesson 4
「音」でセンスを磨く

Lesson 5
「色」でセンスを磨く

作例動画について

本書では、解説の具体例として、作例動画をダウンロードして視聴できます。作例動画を確認しながら、理解を深めていきましょう。動画のファイル形式はmp4です。

ダウンロードページ
http://www.bnn.co.jp/dl/videoediting/

作例動画があるページには、ファイル名を記載しています。

Lesson

2-5 カットつなぎの計画

041-1.mp4
041-2.mp4

カットつなぎのクオリティを上げるには計画性が大切です。まずは素材を分類し、大まかな計画を決めるようにしましょう。

カットの分類

編集前には、必要なカットだけでなく、必要のないカットなどさまざまな素材があると思います。そのため、そのまま編集に取り掛かろうと思うとなかなかスムーズに進みません。

解決法の1つとして、例えば以下のようにカットを分類し、編集ソフトでラベルの色分けやフォルダで管理するのが効率的でおすすめです。

分類	説明
メインカット	動画の中心となるカット
状況説明カット	場所や時間などの状況がわかるカット
インサートカット	意味づけや強調、つなぎに活用するカット
予備カット	念のため置いておくカット
不必要カット	使用しないカット

| 040 |

カットつなぎの計画

カットの組み立て方には「A：原因→結果」「B：結果→原因」の大きく2つの方法があります。それぞれの組み立て方に応じて起承転結を意識し、分類したカットを並べていきましょう。

カットつなぎA　カットつなぎB

カットつなぎA：解説

Aの場合は状況説明から入る「原因→結果」のパターンです。状況説明（場所や時間）から動きのあるメインカットまでを、流れのままにつなげています。メリットとしては、動画の流れを理解しやすいことが挙げられます。

カットつなぎB：解説

Bの場合は動きのあるカットから入る「結果→原因」のパターンです。動きのあるカットから徐々に、状況説明するカットをつなげています。メリットとしては導入にインパクトを与えることが挙げられます。

A・Bそれぞれのカットつなぎにメリットがあるので、テーマや媒体によって意識的に使い分けましょう。

Lesson 2 「カットつなぎ」でセンスを磨く

| 041 |

【使用上の注意】
■本データは、本書購入者のみご利用になれます。
■データの著作権は作者に帰属します。
■データの複製販売、転載、添付など営利目的で使用することを固く禁じます。
■本ダウンロードページURLに直接リンクをすることを禁じます。
■データに修正等があった場合には予告なく内容を変更する可能性がございます。

Lesson 1

なぜ動画を編集するのか

Lesson

1-1 動画編集の魅力

具体的な動画編集のテクニックをご紹介する前に、まず私たち（Rec Plus）が感じている「動画編集の魅力」についてお伝えします。

突然ですが、

みなさんは「クリエイティブ」は好きですか?
「動画編集」は好きですか?

もちろん、**私たち（Rec Plus）は、 どちらも大好きです。**

好きであることは「モチベーションの原動力」となる、とても大事なことです。まずはじめに、私たちが感じている「動画編集の魅力」について語らせてください。

またこの機会に、みなさんがそれぞれに感じている「動画編集の魅力とは何なのか？」について、少し考えてみてください。これからお伝えする、私たちが感じている動画編集の魅力に共感していただけると嬉しいですし、その他の魅力にも、みなさん自身が気づくきっかけとなりましたら幸いです。

動画の3つの魅力

①動画は、映像・画像・音・文字・絵・記号など、複合的な要素を網羅できる、唯一の情報伝達手段であるという点。

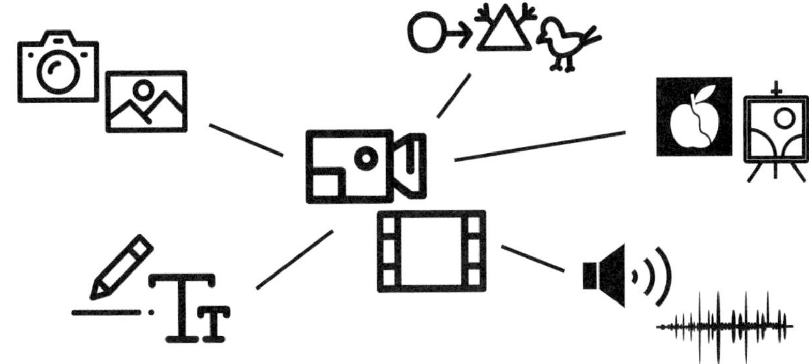

②一度に多くの情報を伝えることができるため、多くの人々の感情や行動に、強い影響を与えることができるという点。

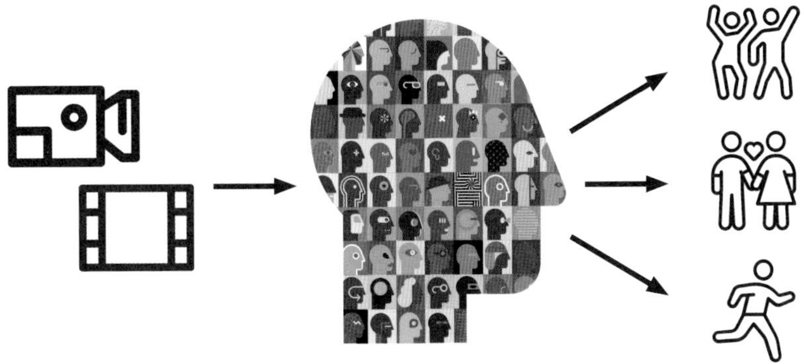

③動画を通して新しい価値観や世界観に触れることで、人生が豊かになる点。

Lesson

1-2 良い動画編集とは?

「人々が魅了されたり、良いと感じる動画」「人々が魅了されず、退屈に感じる動画」には、ある程度の法則があります。まずはこれらを理解しましょう。

動画編集の難しさ

編集した動画を再生した時、「なんか変だ」と感じたり、反対に「思ったより良いな」と感じたことはありませんか？

これらは多くの人が経験することですが、この偶然をそのままにしておくのは非常にもったいないです。なぜ変だと感じたのか、良いと感じたのか考える癖をつけましょう。

何も考えずに素晴らしい動画を作れるに越したことはないですが、一般的には動画編集にも法則があり、それを踏まえて作業することで、「なんか変だ」「イメージと違う」といったことを防ぐことができます。

良い動画編集とは?

そもそも「良い動画編集」とはなんでしょうか？ 端的に説明すると、私たちは「良い動画編集＝編集者の意図が正しく視聴者に伝わること」だと考えます。

例えば赤ちゃんの動画を暗いトーンで編集した場合、これは良い編集でしょうか？

赤ちゃんの「初々しさ」「可愛さ」を伝えたい場合は「悪い編集」ですが、着ている服の「高級感」を伝えたい場合は「良い編集」と言えるかもしれません。

極端な例ですが「意図的な編集」が行われていることが大切です。

良い動画編集者とは?

①編集素材（＝映像や画像）自体が魅力的でパワーがある場合、編集者のスキルが低く、なんとなくつなぎ合わせた動画でも「思った以上に良い」と感じてしまうケースがあります。

ですが、素材がどのようなものでも、編集の力で人を魅了する動画を作ることができるのが、一流の編集者だと思います。

②編集する上での知識が少ない場合、違和感や異変に気づくことができず、結果として「良い動画」と評価してしまうケースがあります。

そのため、最低限の知識を身につけ、「なぜ」この編集なのか？を考えられるようにならなければなりません。

③近年、尺が短い動画がSNSを中心に流行っていますが、動画の尺が短くなればなるほど、動画編集の難易度は高くなる傾向があります。

ですが、素材のどの部分をどのように切り取るか緻密に計算された「引き算」ができるようになると、たとえ10秒の動画でも人を魅了する編集ができるようになります。

Lesson 1-3

「なんとなく」で編集してはいけない

動画編集をする際の、1つ1つの編集には理由や意図が必要です。具体例を見ながら、一緒に考えていきましょう。

感性だけで編集はできない

動画を編集する際には編集者の感性が要求されます。しかし、感性だけでは人を魅了する動画を作り続けることができません。

動画は、映像・音・色・文字・カメラワークなど、かなり複合的な要素が積み重なってできています。そのため、「なんとなく」で編集した動画は、「なんとなく」しか人に伝わりません。

POINT

「なんとなく」編集の例外

ホームビデオや友人との思い出動画といったものは、「なんとなく」編集した動画であっても、家族や知人・友人の間でおもしろく見ることができます。これは「関係者」だからです。しかし「関係者以外」の人に、おもしろいと感じてもらったり、魅了させるには、「なんとなく」の編集では実現が困難です。

編集の「理由」を持つ

「なんとなく」編集を抜け出すには、1つ1つの編集に「意図」を持ち、「理由」を説明できるようになることが近道です。動画編集にはカットをつなぎ合わせるほか、画角調整・色調整・テキスト入力など、さまざまな編集があります。いくつか例を見ながら「なんとなく」編集の抜け出し方をお伝えします。

練習問題

下図を、あなたが友人との旅行Vlogを編集している画面と想定して、答えてみてください。

Q1：なぜ、この（A→B→C）カットつなぎなのですか？

Q2：なぜ、カットCはこの構図なのですか？

Q3：なぜ、カットAのフォントを採用したのですか？

これから回答例をお伝えしますが、動画編集をはじめとするクリエイティブには、「これが正解」というものはなかなか存在しません。必ずしも正解が1つという訳でもありませんので、あくまで参考としてください。

A1：旅行の記録なので、時系列順（移動開始→移動中→次の日の朝）に編集している。

ただし、カットBとカットCのつながりが急なので、どこかに宿泊したとわかるカットなどがあると、より良い編集になります。

A2：縦向き撮影してしまった素材を、そのまま採用している。

「ありのまま」を表現したい場合や、「アクセント」を入れたい場合には、このような編集もありだと思いますが、特に理由がないのであれば、思い切って画角調整するのがよいでしょう。

A3：動画全体のノスタルジックな雰囲気に合わせている。

このフォントは、動画の雰囲気とうまくマッチしたものを採用していますが、なんとなくでフォント選びをすると、雰囲気を壊してしまう場合があります。

いかがしたか？ 意外と簡単と感じた人もいれば、難しいと感じた人もいるかもしれません。ですが、大切なのは編集の意図・理由を考えることです。ぜひ心がけてください。

Lesson
1-4

動画編集には「目的（＝ゴール）」がある

「なんとなく」編集を抜け出すためにも「目的（＝ゴール）」を決めることが大切です。編集に取りかかる前に、目的を明確にする癖をつけましょう。

「目的（＝ゴール）」を決める重要性

動画編集のクオリティを上げるために、「目的（＝ゴール）」を決めることは極めて重要です。

なぜなら限られた時間の中で、「良い動画編集＝編集者の意図が正しく視聴者に伝わること」（1-2参照）がクオリティを上げる近道であり、これには「目的（＝ゴール）」が必要だからです。

動画の目的（＝ゴール）別の具体例

次のページでは、Vlogにおける目的（＝ゴール）の具体例を見ていきましょう。Vlogはホームビデオよりも「思い出を共有する」側面が強い動画形式だと思います。そのため、自分の思い出をより良く見せるためにも、目的（＝ゴール）を決めることでクオリティが上がるはずです。

1. 目的「自然の壮大さを魅せたい」

自然の壮大さを魅せたい場合、人物よりも自然のカットを多めに使うとよいかもしれません。

ただ、同じような自然の風景が続いてしまうと視聴者は飽きてしまうため、「遠景」「近景」を使い分けたり、人物カットを間に入れて工夫しましょう。

例1：自然の映像をメインに、人物や葉に寄ったカットを入れて工夫する

2. 目的「旅行の楽しさを伝えたい」

旅行の楽しさを伝えたい場合、景色よりも人物カットなど、旅行を体験している様子を多めに使うとよいかもしれません。

ここでも同じような動画を続けるのではなく、人物の動きや画角の変化を加えると、視聴者を飽きさせない映像になるでしょう。

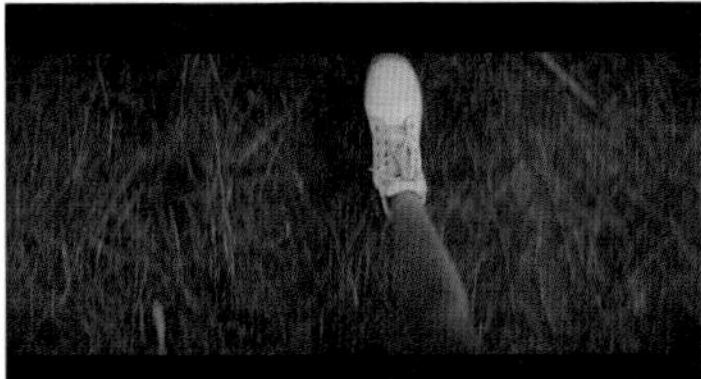

例2：人物とその表情がわかるカットや、主観の映像を入れて臨場感を演出する

まとめ「動画の目的（=ゴール）」

このように、同じような動画素材でも、動画の目的（＝ゴール）によって編集の仕方は変わってきます。具体例のような明確な目的でなくても「格好良く見せたい」など、抽象的な目的でもかまいません。

大切なのは動画の目的（＝ゴール）を決め、編集の方向性を定めることです。はじめは難しいかもしれませんが、ぜひ目的設定の癖をつけるようにしましょう。

Lesson

1-5 全体像を設定する

「目的（=ゴール）」を決めた後は、もう一歩踏み込んで動画の全体像を設定してみましょう。大まかに全体像を決めることで、テーマや雰囲気がより定まります。

独りよがりな編集にならないために

編集を始めるとき「どのような雰囲気にしようかな」と迷うことはありませんか？

それはまだ全体像が定まっていない証拠です。全体像をあらかじめ設定しておくことで、テーマや目的に沿った編集をスムーズに行うことができます。

客観性を身につけよう

私たちは「良い動画編集＝編集者の意図が正しく視聴者に伝わること」だと思っています（1-2参照）。

そして視聴者に意図を伝えるためには、編集前の段階で動画の全体像を把握し、客観的に編集に臨む必要があります。

全体像の設定「5W1H」

今回は「5W1H」を使って動画の全体像を設定する方法をご紹介します。全てを埋める必要はありませんが、少なくとも「What」「Why」「Who」だけでも考えてみると方向性がはっきりしてくるはずです。

① What	何について
② Why	何のために
③ Who	誰に
④ Where	どこで
⑤ When	いつ（どのくらいの間）
⑥ How	どのように

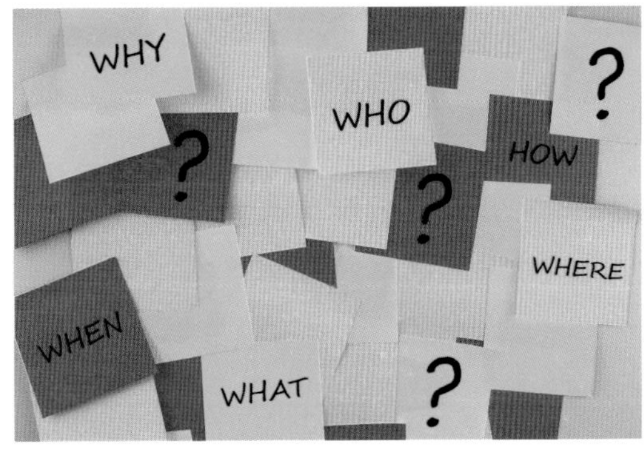

① What

全体的なテーマや題材を決めます（例：旅行のVlog）。

② Why

1-4で考えた「目的（＝ゴール）」がここにあたります（例：自然の壮大さを魅せたい）。

③ Who

主な視聴者の属性を想定します（例：20代の旅好きな男性）。

④ Where

どこで見られるのか。プラットフォーム（YouTube、TikTok）などを想定します（例：YouTube）。

⑤ When

どのくらいの間見られるのか。編集後の尺も想定します（例：最長でも5分）。

⑥ How

動画の形式や見せ方を想定します（例：実写動画に写真を入れる形式で字幕は少なめ）。

まとめ「全体像を設定する」

例に上げたように、5W1Hを考えるだけで「旅行のVlog（What）を、20代の旅好きな男性（Who）をターゲットに、YouTube（Where）で、最長5分（When）、自然の壮大さを魅せる（Why）目的で編集する」ことが定まります。また「実写動画に写真を入れる形式で字幕は少なめ（How）」という方向性が定まりました。

編集前にここまで設定していると、必要な素材を抜き出し、組み立てる編集作業がより明確かつスムーズに行えるはずです。

Lesson

1-6 「編集」がもつ力

動画編集がもつ力として、私たちは3つの要素があると考えています。これらはどの編集にも応用できる根本的な力です。

動画編集とは?

ここで一度、「動画編集とは何か」について考えてみましょう。私たちは動画編集を「時間を再構築し、正しく視聴者に伝える技術」と考えています。

素材から特定の意味や雰囲気を生み出したり、新たな価値を与えたりと無限の可能性を秘めています。だからこそ動画編集は面白く、難しいものなのです。

動画編集の3大要素

次に、編集がもつ大きな力を考えてみましょう。編集には大きく「1. 要約」「2. 強調」「3. 意味づけ」の3つの要素があります。

先程の「動画編集とは何なのか」と、これら3要素を意識することが「センスの良い動画編集」の基本と考えます。

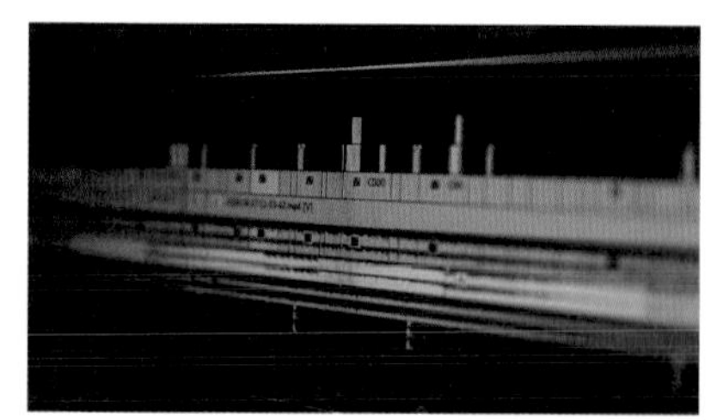

1. 要約

動画の目的（＝ゴール）や全体像をイメージし、趣旨と違う要素を素材から削除する。

そして、残った素材を視聴者が理解しやすいように組み立てる。

2. 強調

現実世界とは異なる時間(スローモーションなど)を編集で作るなどして、視聴者の注意を引く。

また、視覚効果（エフェクト）や音楽、効果音を加えることでも強調することは可能。

3. 意味づけ

要約と強調を駆使して、目的（＝ゴール）に合った雰囲気を作る。

また、インサートカットを活用し、新たな意味を生み出す。

POINT

動画編集の3大要素が欠けると

動画編集の3大要素が欠けてしまった動画は、一言で言うと、退屈で何を伝えたいのかわからない動画になってしまいます。

「要約」が欠けると、むやみに長く、ただ情報量の多い動画に。「強調」が欠けると、メリハリがなく、だらだらとした時間が流れる動画に。「意味づけ」が欠けると、魅力を感じにくく、記憶に残らない動画になってしまう可能性が高くなってしまいます。

Lesson

1-7 時間を操作する

023-1.mp4
023-2.mp4
023-3.mp4

動画編集では時間を再構築することが可能です。時間を再構築する方法の代表例である「時間操作」を学んでいきましょう。

時間を自由に操作しよう

時間を自由に操作することができるのは動画編集の醍醐味の1つです。「スローモーション」「早送り」「逆再生」など、現実ではありえない時間を自在に操作することで、動画をより印象的に表現したり、編集者の意図を効果的に伝えることができます。

時間操作の注意点

近年のソフトウェアの進化により、動画編集における時間操作は「容易なテクニック」と言っても過言ではありません。しかし、「見る人がどう感じるか」を意識できないと、無闇に時間を操作してしまうため注意が必要です。

1-3で触れたように、編集に「意図」を持ち、「理由」を説明できるようになることが「センスの良い動画編集」の近道ですので、時間の操作も同じ意識を持って行うようにしましょう。

時間操作「3つの代表例」

1.スローモーション

現実だと一瞬で過ぎるカットを引き伸ばすことで、より動画を印象的に強調することができます。
また、音楽にも合わせやすいことから汎用性が高い時間操作の1つとされています。

例1：現実では一瞬である髪の毛がなびくシーンを、より印象的に表現できる

2.早送り

現実の時間から早めることで、要約と強調の効果を発揮することができます。
また長時間の動画を早送りにすることで、タイムラプス（低速度撮影効果）を作り出すこともできます。

例2：現実では見ることができない時間の流れを、数秒で表現できる

3.スピードランプ

スローモーションと早送りを組み合わせた手法です。
1つのクリップに異なる速度を組み合わせることで、スローモーションの「間延びしてしまう」という弱点と、早送りの「コミカルに見えてしまう」弱点を解消できます。

例3：なめらかに速度を調整することで、人物の仕草や表情を効果的に表現できる

Lesson

1-8 情報収集の大切さ

動画編集には「編集スキル」が大切ですが、それと同様に「情報収集スキル」も大切です。このスキルは動画編集に限らず、人生のあらゆる場面で役に立つので身につけておきましょう。

0から1を生み出さなくてもいい

センスの良い動画編集をするために、今までに無いアイデアや、新しいテクニックを生み出そうとするのは効率がよくありません。インターネットが普及した恵まれたこの時代では、先人の知識やアイデア、世界中のクリエイターのテクニックに簡単にアクセスできます。これらをフル活用してください。

真似から始める

素晴らしいアイデアやテクニックを見つけたら、とにかく真似をすることから始めてください。中には、「真似る＝パクリ」といったマイナスイメージを持たれる方もいるかもしれませんが、「1」を「5」や「10」にしていくイメージでさまざまなものを真似て、自分なりに落とし込んでいきましょう。

人はみんな、真似をして成長するものです。真似ることは、成長への近道です。

情報収集に終わりはない

流行は常に変化し、新しいテクニックも生まれ続けます。情報収集に終わりはありません。しかし、むやみやたらに情報収集をするのは長続きせず、賢い方法ではありません。

これから、効率的かつ継続的に情報収集できる3つのポイントをお伝えするので、ぜひ参考にしてみてください。

1.無駄を省く

誰しも1日は24時間であり、時間は有限です。そのため、できるだけ無駄な時間を省くことが大切です。

何気なく見ているインスタグラムのストーリーやTVニュースなど、本当に必要な情報ですか？ 意味もなくSNSを見る癖がついてしまっていませんか？ 今一度、無駄な時間がないか確認してみましょう。

2.ルーティンを作る

情報収集は、まとまった30分や1時間などで行う必要はありませんので、隙間時間を活用したルーティンを作るようにしてみてください。

また、参考にしているサイトのリンク集や、情報収集用SNSアカウントを作るなど、ルーティンをより効率的にする環境を整えることも同時に行えると理想です。

3.アンテナを張る

ルーティンが回るようになったら、ルーティン以外から情報収集できるアンテナを張るように意識してください。何気なく目にしているビルの看板や、居酒屋のメニュー表、道路標識なども、なんでこの色なんだろう？なんで目がとまったのだろう？などと考えると、良いアイデアにつながるかもしれません。

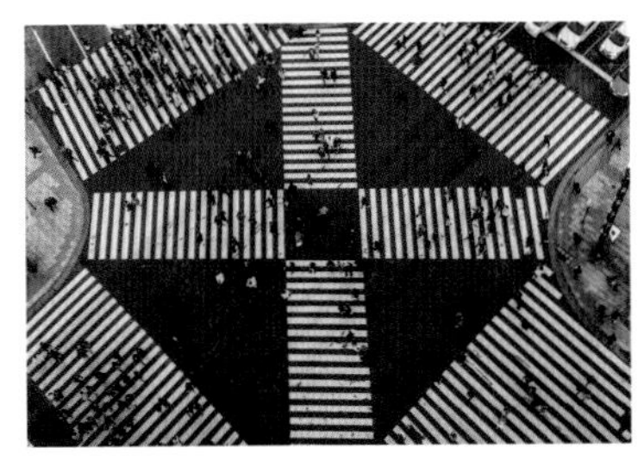

Lesson

1-9 情報収集の流れ

「センス」とは、「情報から得た知識を最適化する感性」です。アウトプットまで意識した情報収集を心がけましょう。

0から1はあり得ない?

1-8にて「0から1を生み出さなくてもいい」と書きましたが、むしろ世の中のクリエイティブで本当に「0」から「1」を生み出しているものは少ないと思います。なぜなら人は生きていく上で、必ず何らかの「情報」に触れるからです。家族や学校など、人が生きる上での物事を取り巻く事情や経験も、ある意味「情報」だと言えます。

一見すると「今までに無いアイデア」だとしても、実は何かの「情報」が元になっている場合も多いでしょう。

センスとは?

本書でも度々出てくる「センス」という言葉ですが、「センス」とはいったい何なのでしょう。「0」から「1」を生み出すことでしょうか。

定義は多々あるかとは思いますが、私たちは「センス」を「情報から得た知識を最適化する感性」のことだと考えています。

「センス」を意識せずに発揮する方もいますが、「センス」は天賦の才ではなく、誰にでも磨くことが可能です。そしてセンスを磨くには意識的な「情報収集」が大切です。

情報収集3つの流れ

私たちは効率的な情報収集において3つのワークフローを意識しています。それが「1. トレンドを知る」「2. 共通点を見つける」「3. アウトプットする」です。この3つの流れを意識することで、センスの向上につながると考えています。

1. トレンドを知る

まずは今、人気のあるものや流行っている「情報」から収集しましょう。流行っているものや人気なものには必ず理由がありますし、動画編集にもエフェクトや色など、流行り廃りがあります。

トレンドを知ることで、今の時代の「センス」を知ることができます。

2. 共通点を見つける

さまざまな情報を収集した後は、それらの共通点を見つけましょう。1-8で「真似から始める」と書きましたが、1つのものを真似るとそれは「パクリ」とみなされてしまいます。

しかし、情報の共通点を抜き出し、それを自分なりに落とし込んでしまえば、それはれっきとしたオリジナルです。「なぜ流行っているのか」「なぜ人気なのか」を考えて共通点を見つける癖をつけるとよいでしょう。

3. アウトプットする

最後は1番大切なアウトプットです。もはや情報収集ではないですが、いくら情報を集めてもそれを活かさなければ意味がありません。アウトプットを意識することでスムーズな情報収集が可能になり、効率も上がります。

また、クリエイティブの種類や媒体にもよりますが、昨今はトレンドの移り変わりが早いため、このアウトプットまでを素早く行う力も求められています。

Lesson

1-10 おすすめ情報収集方法

ここではおすすめの情報収集方法をいくつかご紹介します。

YouTube

今やYouTubeには、知識の宝庫と言っていいほど情報があふれています。最近は日本語のクリエイティブ系情報も増えてきましたが、探している情報がない場合は英語で調べてみるのがおすすめです。英語が苦手でも、自動翻訳機能を使えば何とか知識を得られることもあるので試してみてください。

Vimeo

VimeoはYouTube同様に動画を共有し、視聴できるサイトです。まだ日本での知名度は低く、日本の動画も少なめです。しかし、クリエイティブをインプットするのに最適で、クリエイターが作ったクオリティの高いCMや、企業VPが多数視聴できます。また、無料でも動画視聴の際に広告がつかないので、効率のよいインプットが可能です。

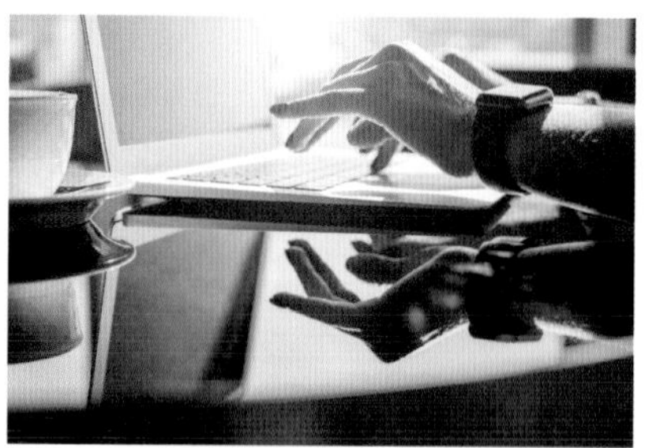

映画

映画は動画表現における「最高峰」と言っていいかもしれません。特に予算が大きな映画は莫大な「お金・人・時間」をかけて制作されており、編集方法も最先端であることが多いです。「どのように編集しているのだろう」といった制作視点で映画を見ると、違った楽しみ方ができます。

また、「BTS (Behind The Scenes)」と調べると舞台裏が公開されている映画もあるので、検索してみてください。

アニメ

アニメは、物理的に不可能なカメラワークや人物の動きなど、実写で再現できない表現が取り入れられているため、新しい発想のヒントになる場合があります。

新海誠監督の「君の名は」や「天気の子」、細田守監督の「竜とそばかすの姫」「サマーウォーズ」など、有名な作品からチェックしてみましょう。

CM

近年は若者のTV離れが進んでいるとはいえ、依然としてTVの需要は高く、大きなお金が動いています。たくさんの制作費がかけられたTVCMからは、学びになるものが多いです。

ぜひ、短い時間で視聴者に強いメッセージを届けるテクニックや表現に意識を持って、観てみましょう。

書籍

年々Webシフトが進む中、時代に逆行しているかもしれませんが、書籍でのインプットも非常におすすめです。

価値の高い情報は、まだまだ書籍にも多いうえに、人はWebより紙媒体からの情報の方が、記憶に残りやすいとの研究もあるので、より効率的なインプットに役立つかもしれません。

おすすめインプット方法をご紹介しましたが、これら以外にもたくさんのインプット方法はありますので、自分にあった方法を見つけるヒントになれば幸いです。また、インプットは「継続」することが大前提のため、三日坊主にならないように取り組むことが大切です。

COLUMN

もう一歩先のアウトプット

「Lesson 1：なぜ動画を編集するのか」ということで、動画編集の魅力にはじまり、おすすめインプット方法まで10個のトピックをご紹介してきましたが、改めてお聞きします。

みなさんは「動画編集」は好きですか?

動画編集の魅力について改めて考えてみたり、みなさん自身の動画編集の目的＝ゴールを再確認することで、動画編集を好きな気持ちが、少しでも増えていたら嬉しいです。

Lesson 2からは、動画編集のセンスがUPする、より具体的なテクニックをご紹介していきますので、ぜひ最後まで読んでみてください。

もう一歩先のアウトプット

Lesson 1では情報収集の大切さをお伝えしましたが、アウトプットも同じくらい大切です。はじめはとにかく「真似る」ことに注力することで、効率的にスキルUPすることができます。そして、ある2つの要素を掛け合わせることで、もう一歩先のアウトプットができるようになります。

掛け合わせるのは「新しい方法」と「自分らしい方法」という要素です。

まず、集めた情報の中から「自分が魅了された方法」を整理し、次に「新しい方法」と「自分らしい方法」を掛け合わせるだけですが、実行するのは決して容易ではありません。

この掛け合わせによるアウトプットができると、一流の編集者として、動画でたくさんの人を魅了できるようになります。

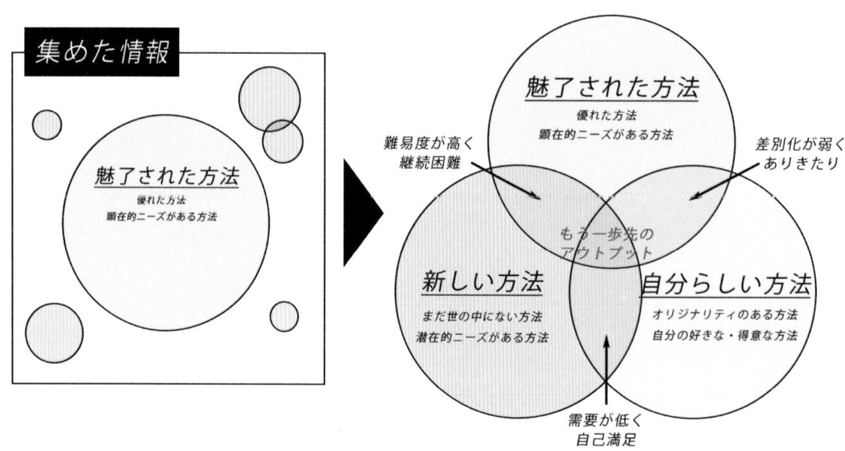

Lesson 2

「カットつなぎ」でセンスを磨く

Lesson

2-1 カットつなぎの大切さ

033-1.mp4

動画編集における「カットつなぎ」とは、音楽でいえば「楽譜」のようなものです。動画編集の基盤とも言えますので、まずはカットつなぎの大切さを理解しましょう。

動画は写真と何が違う?

カットつなぎの大切さをお伝えする前に1つご質問です。

みなさんは「動画」と「写真」の違いは何かわかりますか?

いくつか要素がありますが、端的に言うと「視聴者がイメージできる余白の総量」が決定的に違うことだと思っています。なぜなら、動画はイメージを限定する要素がとても強いからです。

動画の癖

動画はマンガや小説のように前のシーンに戻ったり、1つのシーンをじっくり鑑賞する自由度がなく、1回の再生で視聴者に「伝えきる」必要があります。

そのため、登場人物はどんな声か?どんな色の服か?など、1つ1つのイメージを限定する必要があり、編集者に求められるスキルの1つと言えます。

動画と写真の違い

動画は……
・動きがある（時間が流れている）
・音がある
・視聴時間を「編集者」がコントロール
・1シーンの画数を増やすことができる
（1シーンを複数の画で表現できる）

写真は……
・動きがない（時間が止まっている）
・音がない
・視聴時間を「視聴者」がコントロール
・1シーンの画数は基本的に1つ

カットつなぎは「順序」だけではない

動画は「編集者」が時間をコントロールしたり、イメージを強く限定するということがわかったところで、カットつなぎの大切さをお伝えします。

人は受け取る情報が同じであっても、受け取る「順序」が違うと、異なるイメージを抱いたり理解度が異なってしまうため、カットつなぎは動画編集において大切です。

カットつなぎと聞くと、カットの順序を決める作業を想像されると思いますが、1シーンのカット数や、1カットの長さや画角などを決める作業も、カットつなぎの重要な作業です。

同じ尺の動画であっても、1カットの時間を短くし、カット数を倍以上にすることも可能であることを覚えておいてください。

4クリップのパターン：これでも、山の中で友達とBBQを楽しんでいることはわかる

11クリップのパターン：先ほどと違って、どんな山に、どうやって行って、どう料理したのかがより詳しくわかる

Lesson

2-2 カットは連続している

034-1.mp4

動画編集する際、カットとカットのつながりには「一定の連続性」が必要です。この「連続性」を描くことは動画編集の基本ですので、「1フレーム単位」で調整しましょう。

歩いているシーンの3カット

意識したいポイント

Aカットの最後は、右手が後ろにある状態のため、右足が前に出ていることが想像できる。

そのため、Bカットの最初は、必ず右足が前に出ているカットでつなぐ。

Bカットの最後も、右足が前にある状態である場合、Cカットの最初は、右足が前の状態でカットをつなぐ。

※靴と地面の距離まで意識して、
1フレーム単位で調整しましょう。

POINT 「連続性」の強調

A・B・Cのカットのように、同じ時間・同じ場所・同じ意味（歩いている）を伝えたい場合は、人物の動きや空間だけでなく、「編集のテンポ」を同じようにすることで、映像の同質性を生み、カットに自然な連続性をもたせることも可能です（編集のテンポについては後ほど詳しく説明します）。

見落としがちなポイント

カットの連続性を意識する際に、左ページのような「人物の動き」については気がつきやすいのですが、実はカットが「不連続＝つながっていない」ポイントがあることに気がつきましたか？

■人物と扉の位置関係がおかしい

人物が前に歩いているシーンなのに、カットBでは、カットAよりも後ろにいるカットでつないでしまっている。

■ステッキの持ち方がおかしい

カットBでは、ステッキを握るグリップ部分が下にあるのに対し、カットCでは、持ち方が逆さになっている。

歩く途中で持ち替えたのであれば、持ち替えたシーンを差し込むことが望ましい。

■影の位置がおかしい

カットBでは、人物の後ろに影ができているが、カットCでは人物の後ろに影が無く、おそらく人物よりも前に影があることが想像できる。

これは、通路の天井にある照明と人物の位置関係をうまくつなぐことができていないため。

特に3つ目の「影」については、動画編集を始めたころは見落としがちだと思いますが、カットの連続性を保つには、人物の動きだけでなく、時間・空間・色といったさまざまな要素に注意して編集すると、よりクオリティが上がると思います。

POINT

「連続性」を保つための要素

「連続性」を保つために意識したい要素としては、場所（位置関係）・人物の動き（演技）・衣装・メイク・髪型・色味・天候・影・小道具・道具などがあります。頭の片隅にでも覚えておくとよいでしょう。

Lesson

2-3 変化の必要性

動画編集には前ページでお伝えした「連続性」だけでなく、「変化」も必要です。まずは「なぜ変化が必要なのか」を理解しておきましょう。

動画には変化が求められる

動画に変化が必要なのは、あなたが編集した動画を視聴者に最後まで観てもらい、あなたの意図を正しく伝えるためです。視聴者は、変化のない（少ない）動画にすぐに飽きてしまいますので、飽きさせずに最後まで観てもらう編集を心がけなければなりません。

POINT

YouTube広告から学ぶ

YouTubeで6秒の広告や、5秒間スキップできない広告を見たことはありませんか？ これは、「人間が興味のない動画を我慢できる時間は約6秒程度」ということだと私たちは考えています。

興味のある動画であればこの秒数は変わると思いますが、ここでお伝えしたいのは「これぐらい人間は飽きやすい性質を持っている」ということです。

また、この飽きるまでの秒数は、近年のSNSの発達によりますます短くなっていくということも、考慮すべきポイントです。

劇的な変化

複数の映像素材を使って動画編集をする場合、変化は自然と生まれていると思われる方も多いかもしれませんが、それらの変化は「劇的な変化」とまでは言えないことが多いです。人を惹きつけるには「劇的な変化」が必要です。

プロが撮影した素材であれば、うまくつなぎ合わせるだけで「劇的な変化」を生む場合がありますが、そうでない場合は「編集」で変化を生み出すことが求められます。

変化の創出

変化を生み出す要素はたくさんあります。これらの要素をうまく組み合わせることで、「劇的な変化」を生み出すことができるので、参考にしてみてください。

もちろん、下記に記載したものがすべてではありませんので、少し慣れてきたら、みなさん自身で新しい変化の作り方を見出してみましょう。

変化を生み出す代表的な要素

①静と動	動きのあるカットの間に、動きのない（少ない）カット＝固定（FIX）撮影素材を挟むなどして変化を生み出す。
②速度	倍速再生やスローモーションなどの再生速度の変化だけでなく、逆再生を挟むなどして変化を生み出す。
③画角	16：9の画角から、4：3の画角に変えたり、超クローズアップ（マクロショット）のシーンを挟むなどして変化を生み出す。
④演出効果	エフェクトやトランジションなどの演出効果を用いるなどして変化を生み出す。
⑤カットの尺	1秒に満たないカットを連続させたり、反対に少し長めのカットを挟むなどして変化を生み出す。
⑥音	BGMの有無や、効果音をつける、あるいは、音量をコントロールするなどして変化を生み出す。

上記に挙げた1つ1つの要素だけでは、劇的な変化は生まれにくいため、例えば「BGMのサビに入るタイミングに合わせて、トランジションを使い、カットつなぎのテンポを短くする」など、複数の要素を組み合わせて、変化の度合いを強めることを心がけてください。

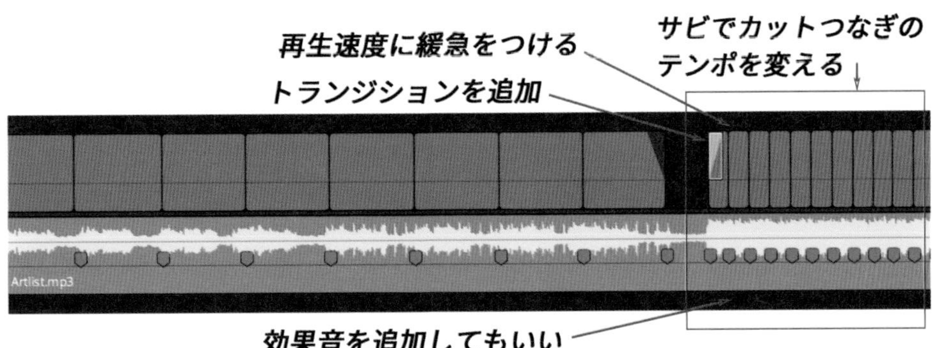

Lesson

2-4 カットつなぎとリズム

時間に流れのある動画では「リズム」がとても大切です。カットつなぎは、リズムに大きな影響を与えるため、動画に最適なリズムを生むカットつなぎができるようにしましょう。

動画のリズム

「リズム」と聞くと、聴覚で感じる音楽的意味合いが強いと思いますが、動画にもリズムは深く関係しており、視覚的なリズムがあると考えています。

また、同じ音楽でもヒップホップとクラシックではリズムが異なるのと同様に、動画もテーマやストーリーが違えば、リズムも変えなければなりません。

カットつなぎがリズムを生む

次ページのA・Bのカットつなぎを見てみましょう。「男性がバイクに近づいてバイクに乗る」というシーンは同じですが、Aのカットつなぎと Bのカットつなぎでは異なるリズムを感じませんか？

リズムの感じ方は人ぞれぞれですが、カットつなぎBの方がリズム感があると思います。

カットつなぎA

カットつなぎB

ここでお伝えしたいことは、どちらのカットつなぎが優れているということではなく、動画のリズムを意識したカットつなぎが大切ということです。

カットつなぎA・Bのように同じカットでも複数のリズムを試行錯誤し、テーマや目的に応じて編集することで、感覚やセンスが向上すると思います。

もし、編集中の動画のリズムがわかりにくいと感じた場合は、音を消して動画をプレビューしてみるといいかもしれません（作例動画もあえて音声無しで作成しています）。

Lesson

2-5 カットつなぎの計画

カットつなぎのクオリティを上げるには計画性が大切です。まずは素材を分類し、大まかな計画を決めるようにしましょう。

カットの分類

編集前には、必要なカットだけでなく、必要のないカットなどさまざまな素材があると思います。そのため、そのまま編集に取り掛かろうと思うとなかなかスムーズに進みません。

解決法の1つとして、例えば以下のようにカットを分類し、編集ソフトでラベルの色分けやフォルダで管理するのが効率的でおすすめです。

分類	説明
メインカット	動画の中心となるカット
状況説明カット	場所や時間などの状況がわかるカット
インサートカット	意味づけや強調、つなぎに活用するカット
予備カット	念のため置いておくカット
不必要カット	使用しないカット

カットつなぎの計画

カットの組み立て方には「A：原因→結果」「B：結果→原因」の大きく2つの方法があります。それぞれの組み立て方に応じて起承転結を意識し、分類したカットを並べていきましょう。

カットつなぎA

カットつなぎB

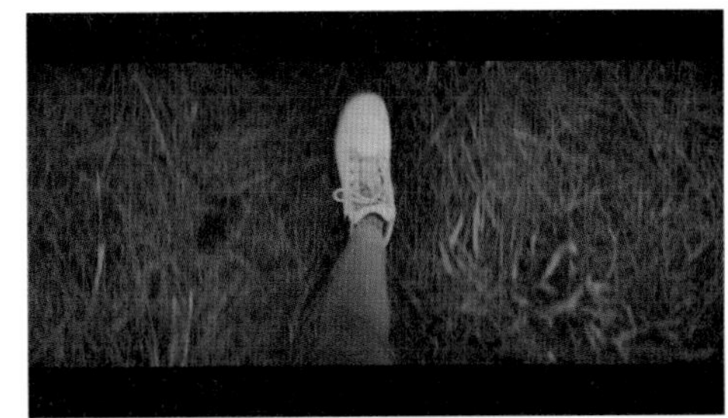

カットつなぎA：解説

Aの場合は状況説明から入る「原因→結果」のパターンです。状況説明（場所や時間）から動きのあるメインカットまでを、流れのままにつなげています。メリットとしては、動画の流れを理解しやすいことが挙げられます。

カットつなぎB：解説

Bの場合は動きのあるカットから入る「結果→原因」のパターンです。動きのあるカットから徐々に、状況説明するカットをつなげています。メリットとしては導入にインパクトを与えることが挙げられます。

A・Bそれぞれのカットつなぎにメリットがあるので、テーマや媒体によって意識的に使い分けましょう。

Lesson

2-6 フレーミング

フレーミングは一般的に「撮影時」に意識することとして知られていますが、「編集時」のカットつなぎでも大切な知識ですので、覚えておきましょう。

フレーミングとは

フレーミングとは、メインの対象が画面にどれほどの大きさで映っているかの度合いのことです。一般的に対象が小さく映るほど情報量が多く、状況説明に向いており、近づくにつれて情報量が少なくなり、インパクトを与えます。

動画編集ではフレーミングを意識することで、視聴者に与える情報量をコントロールすることができます。同じ画角が続くと視聴者も飽きてしまうため、さまざまなフレーミングをうまく組み合わせましょう。

フレーミングの分類は組織や人によって差がありますが、目安として次のページで一例をご紹介します。

情報量			
大	ロングショット		被写体より背景の方が大きく映る
↑	フルショット		頭の先から足の先までが映る
	ニーショット		膝から上までが映る
	ミディアムショット		ウエスト付近から上までが映る
	クローズアップ		頭や顔が近くに映る
↓	ビッグクローズアップ		体の一部などの小さな部分が大きく映る
小	マクロ		体の一部などが極端に大きく映る

POINT

フレーミングの分類

フレーミングの呼称や分類はさまざまで、全く別の名称がつけられていたり、さらに細かな分類があったりと非常に奥が深いです。時間があればぜひ調べてみてください。

また、フレーミングは人物メインの分類ですが、風景でも画角の「寄り」と「引き」を意識してカットつなぎをすることでクオリティUPにつながると思います。

Lesson

2-7 素材を作る

動画編集では1つの素材から複数の素材を作ることができたり、元素材とは違う素材として活用したりと、さまざまな使い方を模索することができます。

素材が足りない?

みなさんは編集をしていて「素材が足りない」「こんな素材があったらいいのに」と思ったことはありませんか？ 撮影し忘れや、共有された素材不足など状況はさまざまだと思いますが、諦めるにはまだ早いです。なぜなら「編集で新たな素材を作れる」からです。

1.編集点を入れる

新たな素材を作る方法の1つ目は「編集点を入れる」ことです。1カットの素材から、被写体の動作やカメラの動きに合わせて編集点（カット）を入れることで新たな素材を生み出すことができます。

2.トリミングする

新たな素材を作る方法の2つ目は「トリミングする」ことです。1カットの素材から1部をクローズアップしたり、スライドすることで見せたい部分に注目を集めることができます。

A：1カットの元素材　　B：新たな素材

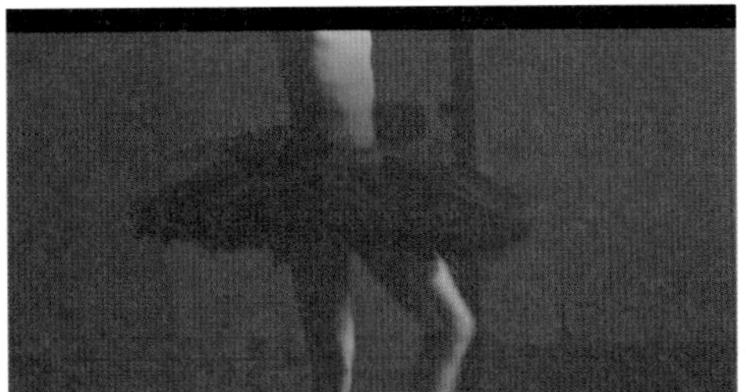

A → B：トリミングを駆使してクローズアップ

A → B：一度もとに戻してフレーミングの変化をつける

A → B：編集点をつけトリミングし、足元を強調

これらの手法は素材が足りない場合だけではなく、編集をするうえで「この使い方できるかな」と意識的に取り組むことで、よりクオリティを上げていくことができると思います。

POINT 画質の劣化の回避

今回ご紹介した「トリミング」は、擬似的にフレーミング（2-6参照）を行うことができる便利な手法です。しかし、やり過ぎると画質の劣化につながります。対策として挙げられるのは、書き出し想定より高解像度の素材を使うことです。4Kなどの高解像度の素材を使えば、フルHDで書き出す動画のタイムラインでは、トリミングによる画質の劣化を抑えることができます。

Lesson

2-8 モンタージュ理論

047-1.mp4
047-2.mp4

カットつなぎを語る際に「モンタージュ理論」は欠かせない知識です。ここでは簡単に実例をお見せしながらご紹介します。

モンタージュとは？

モンタージュとは「本来は連続していないカットをつなぐことで、特定の雰囲気や感情・意味を生み出す」ことです。広義には、カットのつなぎだけではなく、音や色などの関係も含んだりと、非常に奥が深い原理でもあります。

動画を構成する

モンタージュは簡単に言うと「動画のつなぎ方で意味が変わる」ということです。そのため、単に動画素材をつないでいくだけでは編集とは言えず、視聴者にどのように伝えていくか？結果として視聴者にどのように見えるのか？を考えながら、動画を構成していかなければなりません。

クレショフ効果

モンタージュ理論は1921年に実験によって証明されました。この実験は、映像作家レフ・クレショフによって行われ、「クレショフ効果」としても有名です。つなぎ方次第で見え方が変わる様子を実際に見てみましょう。

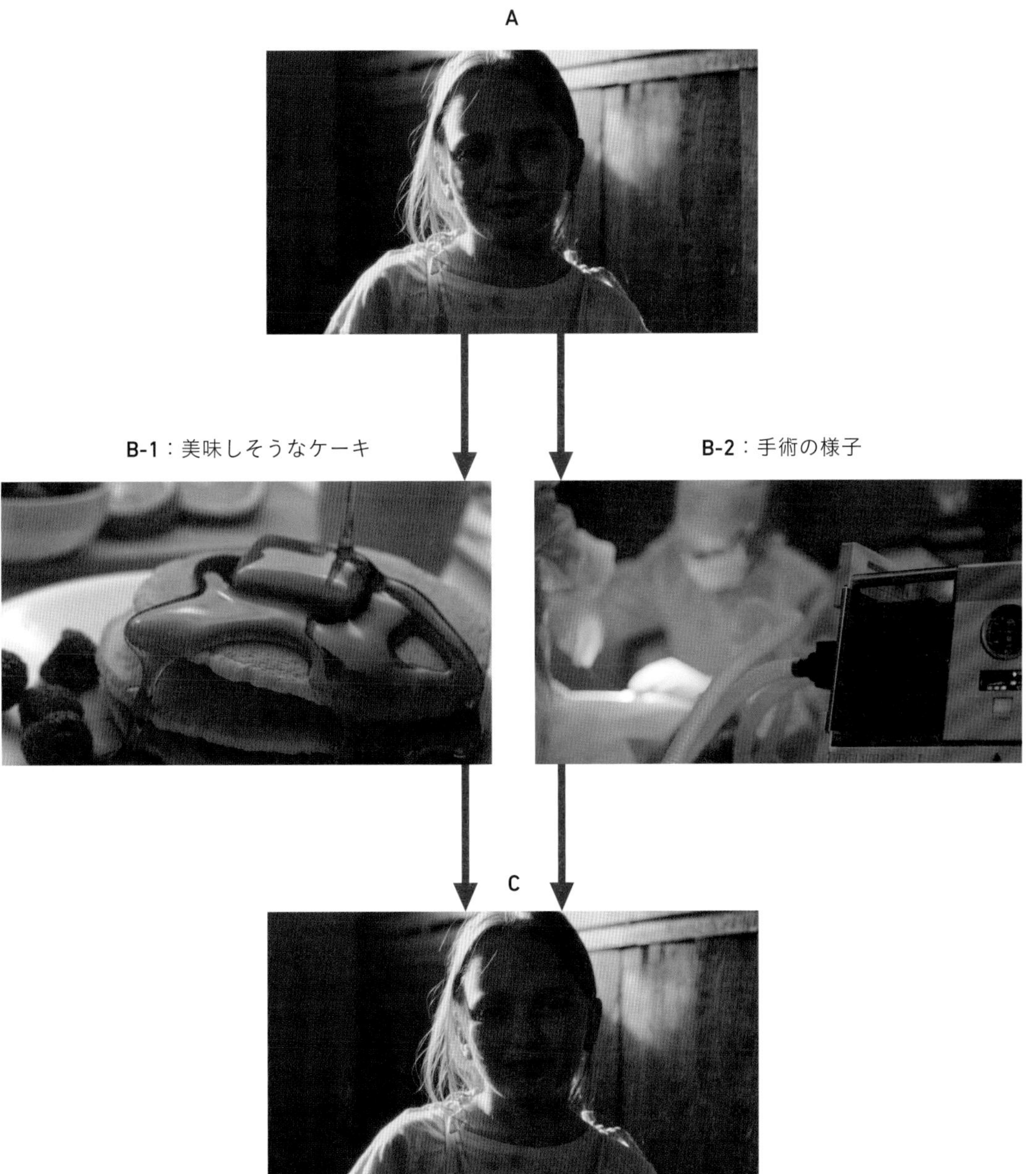

「B-1」をつなぐ場合：美味しいケーキを想像して幸せそうな表情に見える
「B-2」をつなぐ場合：過去の手術？を回想して悲哀に満ちた表情に見える

上の例を見てみると「A」と「C」は同じカットなのに、間に入る「B-1」「B-2」によって「C」が違った表情に見えてくると思います。

これらは、前後の情報を無意識に関連づける人間の特性を利用したものです。特にSNSを始めとした短時間の動画では、この「モンタージュ」の考え方は効果的で、短時間で多くの情報を伝えるヒントにもなります。

Lesson

2-9 代表的なカットの種類①

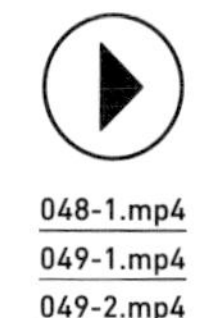

048-1.mp4
049-1.mp4
049-2.mp4

代表的なカットの種類を覚えておくことでカットつなぎの計画や、カットの分類が容易になります。まずは基本的なカットの種類をご紹介します。

状況説明カット

場所・時間・人物の行動などを表すカット。情報量が多いロングショットやフルショット、ドローンショットなどを用いることが多い。しかし、状況説明カットが続くと間延びしてしまうので注意しましょう。

主観ショット（POV = Point Of View）

一人称視点のカット。登場人物の視点を疑似体験でき、臨場感を与えることができる。

インサートカット

一連の動画とは別の独立したカットを挿入する手法。意味づけや強調、つなぎをスムーズにするために活用する。

Lesson

2-10 代表的なカットの種類②

050-1.mp4
051-1.mp4
051-2.mp4

次に、編集時に意識したい代表的なカットの種類をご紹介します。被写体に応じて使い分けましょう。

カットアウェイ

メインとなる被写体から関連するものにつなげること。その場にあるものや場所、リアクションを表現するために使われる。

アクションカット

一連の被写体の動きをきっかけにつなぐこと。一つの動作をあえて複数のカット（アングル）に分けることでメリハリやテンポを生み出せる。

ジャンプカット

同様の被写体を、時間や空間を飛ばしてつなぎ合わせること。従来は違和感を生むカットつなぎとされ避けられたが、近年はYouTubeを始めとした媒体で多様され、一般的になりつつある。

Lesson

2-11 代表的なカットの種類③

052-1.mp4 053-1.mp4
053-2.mp4 053-3.mp4

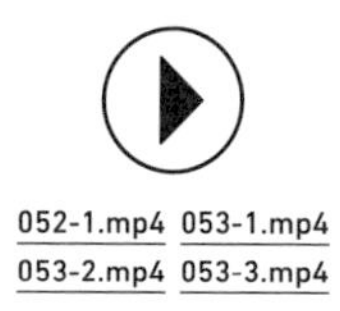

最後に、特定の場面において効果的なカットの種類をご紹介します。これらを応用することで編集のアイデアを増やすことにもつながります。

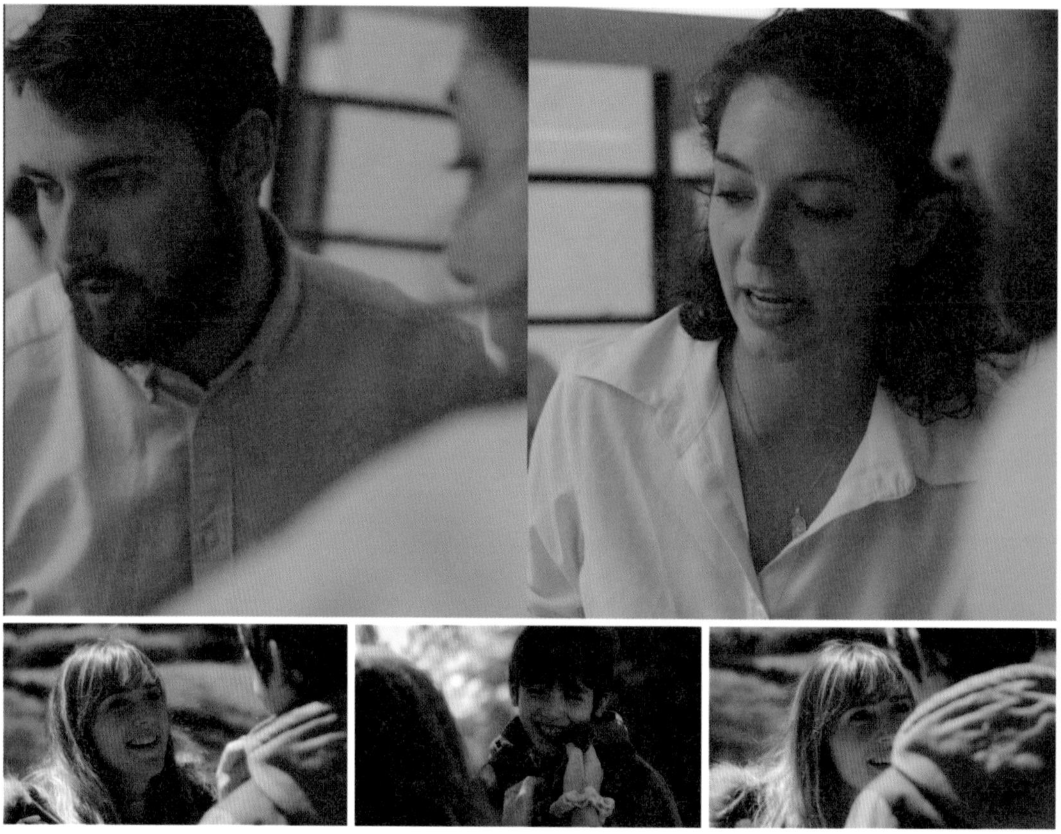

肩越しショット（OTS = Over The Shoulder Shot）

前景に人物の肩や後頭部を入れて、メインの被写体を映すカット。対話時などに用いられることが多い。

マッチカット

本来は関連していない異なるシーンを視覚的・聴覚的・比喩的につなぐこと。制作者のアイデア次第でさまざまな効果を生み出せる。

クロスカット

複数のシーンを交互につなげて、違う場所で同時に起きているアクションを映し出す技法。臨場感や緊張感を与えることができる。

Lesson

2-12 人を惹きつけるカットつなぎ：画角の変化①

055-1.mp4
055-2.mp4

「カットつなぎ」は見ている人を飽きさせないことが大切です。ここでは、人を飽きさせない、画角の変化によるテクニックをご紹介します。

画角の変化をつける

人を惹きつけるカットつなぎの方法としてはじめに意識したいのが、「2-3：変化の必要性」でも触れた「画角の変化」です。同じ景色や被写体の行動を長い尺でつなげてしまうと、視聴者はどうしても飽きてしまいます。そこで、同じ景色や被写体の行動をさまざまな画角の変化を用いてつなげることで、飽きさせない動画に仕上げることができます。

フレーミングを意識する

画角の変化をつける際に、もう1つ意識したいのが「フレーミング」です。ただ無意識に画角の違うカットをつなげるのではなく、「2-6：フレーミング」で学んだフレーミングによる情報量の多さや画面の占有率を考慮することで、よりクオリティを上げることができます。

A：小さな画角の変化

A-1

A-2

A-3

B：大胆な画角の変化

B-1

B-2

B-3

A（小さな画角の変化）：解説

Aの例では画角の変化は意識していますが、小さな変化にとどめています。このような小さな画角の変化は「静けさ」や「落ち着いた雰囲気」を伝えるのに向いています。

B（大胆な画角の変化）：解説

Bの例のように大胆な寄り引きで画角に変化を持たせることで、つなぎにインパクトを持たせることができます。短時間で視聴者を惹きつけたい場合などは、フレーミングを意識しつつ、思い切って画角を変えてつなげてみるといいでしょう。

Lesson

2-13 人を惹きつけるカットつなぎ：画角の変化②

057-1.mp4
057-2.mp4

画角の変化には、意味を強調する効果もあります。ここでは、画角の変化とその意味について考えてみましょう。

意味を強調する

画角の変化には2-12で学んだような「人を飽きさせない効果」のほかに、「意味を強調する効果」もあります。動画全体のテーマや伝えたい内容に応じて画角を変化させることで、その動画のテーマや内容を強調することができます。ここでも「何を表現したいのか」を意識しながら編集するようにしましょう。

カットを分解する

画角の変化で意味を強調するためには、一連のカットを分解して考える必要があります。例のような街並みを歩く動画でも、「楽しい思い出を表現したい」「街並みの様子を見せたい」など、テーマや目的に応じて使用する画角やつなぎ方が変わってきます。

無意識に画角を変えるのではなく、テーマや目的に応じてカットを分解し、「画角の意味」を意識しながら編集することでクオリティは上がります。

A：楽しい思い出

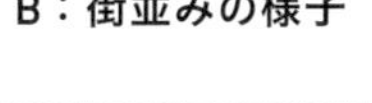

A-1

B-1

A-2

B-2

A-3

B-3

A（楽しい思い出）：解説

Aの例では、Vlogのように楽しい思い出をテーマにカットをつなげています。被写体の表情を強調するために、顔のクローズアップを用いたり（A-1・A-3）、思い出に臨場感を与えるために足メインの画角（A-2）を用いて変化を加える工夫をしています。

B（街並みの様子）：解説

Bの例では、街並みの様子を表現することをテーマにカットをつなげています。ただ街の動画を続けても視聴者は飽きてしまうため、歩いている被写体（B-1）を間に入れて一緒に歩いているかのように見せつつ、街の様子は「ロングショット（2-6参照）」（B-2・B-3）を多用して、多くの情報を視聴者に与えています。

Lesson
2-14 人を惹きつけるカットつなぎ：緩急①

059-1.mp4
059-2.mp4

人を惹きつけるカットつなぎにおいて画角の変化と共に意識したい、カットに緩急をつけるテクニックをご紹介します。

カットのテンポ

突然ですがカットをつなげる際、同じテンポでつなげてはいませんか？ 意図的にそうしているならよいのですが、同じテンポでつながっている動画に画角の変化をつけたとしても、退屈に見えることが多いです。画角の変化だけではなく、カットつなぎのテンポも意識してみましょう。

テンポを変える

動画を退屈なものにしないためにも、1つ1つのカットを使う時間をバラバラに変えるテクニックは非常に有効です。2-5で学んだカットの分類をもとに、メインのカットをつなげつつテンポを変えてインサートカットを挟んだり、2-12, 13で学んだ画角の変化を加えつつテンポを変えて動画に変化を加えましょう。

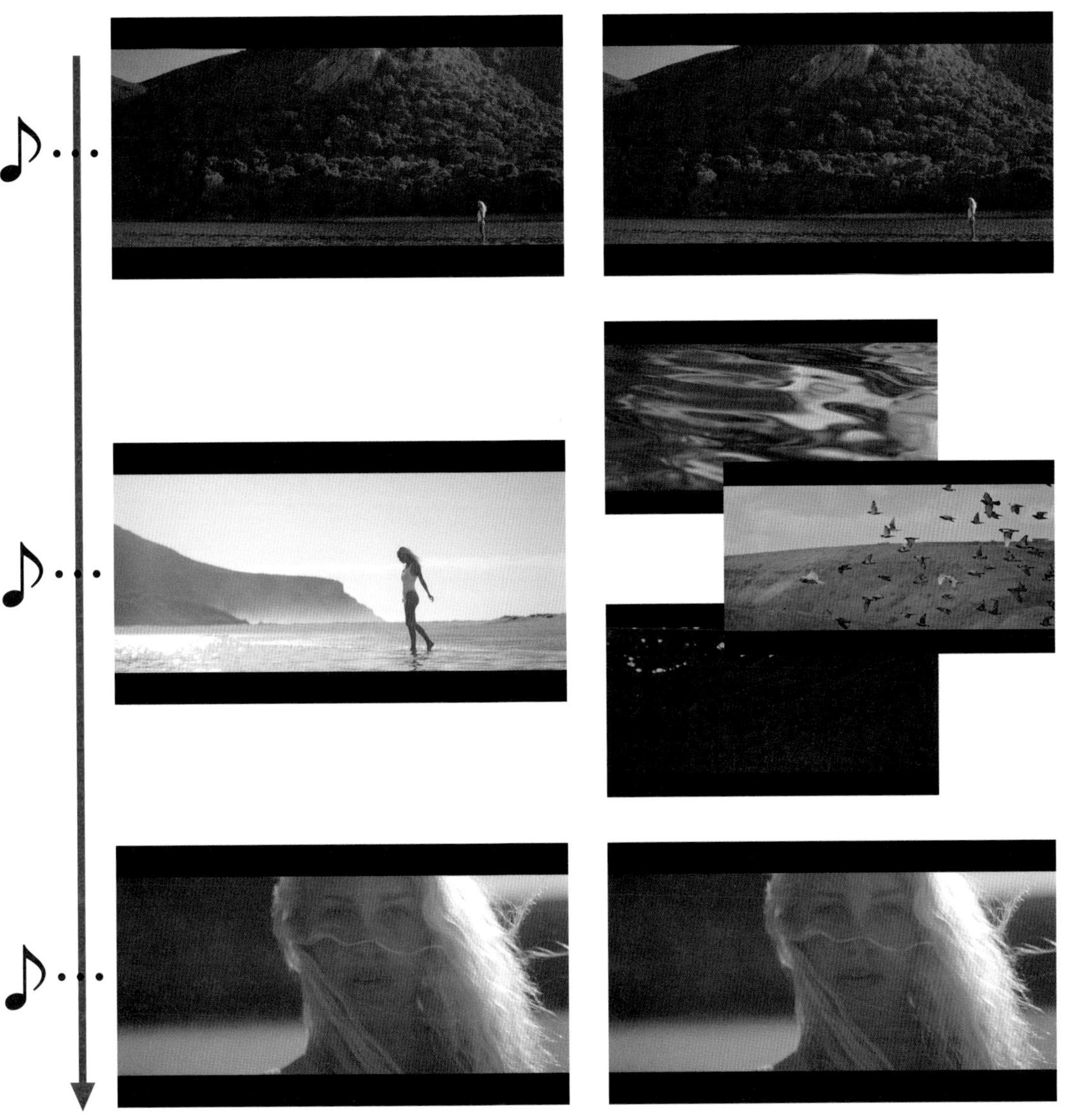

A（一定のテンポ例）：解説

Aの例では音楽の拍子に合わせて一定の間隔でカットをつないでいます。画角の変化は加えていますが少し退屈に見えるかもしれません。

B（テンポを変えた例）：解説

Bの例では途中でテンポを変えて、素早くカットをつないでいます。インサートカットを素早くつないで、メインのカットを長くつなぐことで印象的に、飽きずに見せることができます。カットのテンポを変えるとともに、どのカットを短く使って、どのカットを長く使うのかを意識的に選ぶことが大切です。

Lesson

2-15 人を惹きつけるカットつなぎ：緩急②

061-1.mp4
061-2.mp4

人を惹きつけるカットつなぎにおいて、カットの情報量も意識しておきたいポイントです。2-6で学んだフレーミングの種類などを意識して、カットつなぎに磨きをかけましょう。

カットの情報量

カットをつなぐ時に意識したいことの1つとして、「カットの情報量」が挙げられます。2-6で学んだように引きの映像になるほど情報量が多く、寄りの映像になるにつれて情報量が少なくなる傾向にあります。これらをカットつなぎにおける緩急とし、意識することでクオリティを上げることができるでしょう。

情報量と尺

カットの情報量と尺には相性があります。例えば情報量の多い引きの映像は、視聴者がじっくり情報を得るために長尺と相性が良く、寄りの映像はすぐに情報を読み取ることができるため短尺と相性が良い傾向にあります。カットの情報量と尺を考えてうまく緩急をつけましょう。

A：相性の悪い例

B：相性が良い例

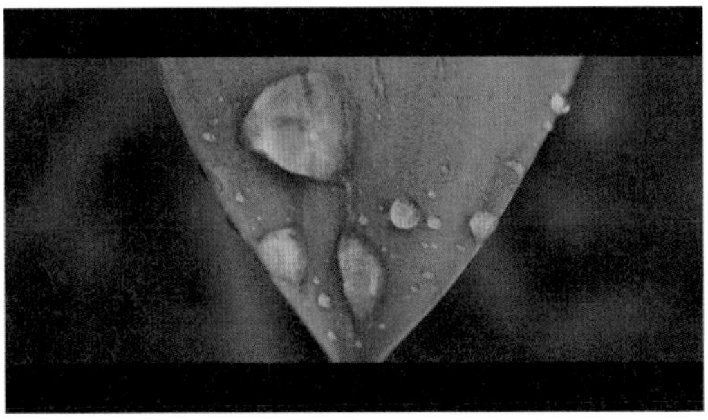

A-1

B-1

A-2

B-2

A-3

B-3

A（相性の悪い例）：解説

Aの例ではA-1やA-3のような情報量の少ないカットを長い尺で使用し、A-2のような情報量が多いカットを短く使用しました。情報量が少ないインサートカット（A-1やA-3）を長尺でつなぐことで、動画全体が間延びしてしまいます。また、A-2のような引きの情報量が多いカットを短く使うと「誰がどこで何をしているのか」がわかりにくくなってしまいます。

B（相性が良い例）：解説

Bの例ではB-1やB-3のような情報量の少ないカットを短い尺で使用し、B-2のような情報量が多いカットを長く使用しました。情報量とカットの相性を考え、「寄り」と「引き」をうまく組み合わせることで動画にリズムと緩急をもたらすと共に「誰がどこで何をしているのか」をわかりやすく伝えることができます。

Lesson
2-16 やってはいけないカットつなぎ①

063-1.mp4
063-2.mp4
063-3.mp4

やってはいけないカットつなぎを覚えておくことで、視聴者が違和感を感じにくいスムーズなカットつなぎが可能になります。まずは簡単に意識できるものからご紹介します。

違和感をなくすには

クオリティの高いカットつなぎは視聴者に違和感を感じさせず、動画全体を自然に見せることができます。つなぎを自然に見せるには現実の物理法則を意識したり、視聴者の目線を意識する必要があります。どうしても違和感が生じる場合にはインサートカットを挿入したり、トランジションといったエフェクトを用いることもあります。

時間や位置の連続性を無視する

同じ時間・同じ場所での状況を伝えたい場合は、人物の動きや時間の連続性には注意が必要です。例えば日中から夜に突然変わったり、同じ人物の服装が変わったりと、現実ではあり得ない変化は違和感を生みやすくなります。

時間や位置の連続性を無視した例

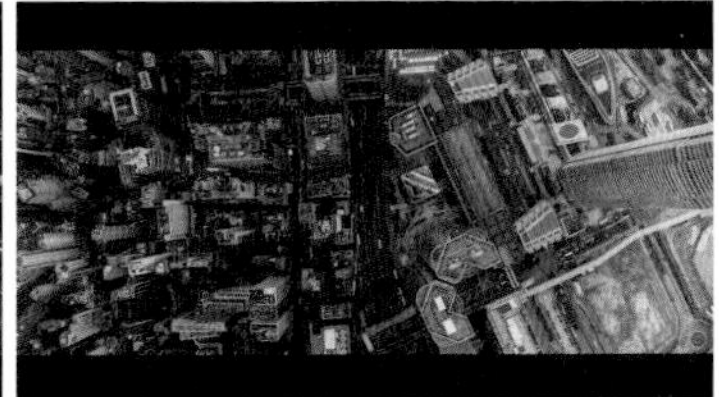

例1：時間がバラバラ（夜→昼→夕方）

例2：位置がバラバラ（砂浜→橋の下）

動きの連続性を無視する

人や動いているモノをつなぐ際には、動きの連続性に注意する必要があります。例えば人の歩いている方向が一連のカットで逆だったり、モノの速さが違ったりすると違和感を生みやすくなります。方向や速さなどの物理法則にも注意を払うことで、より自然にカットをつなぐことができるでしょう。

動きの連続性を無視した例

例：歩く方向が逆

Lesson

2-17 やってはいけないカットつなぎ②

やってはいけないカットつなぎとして、次に少し細かい部分をご紹介します。細部にまでこだわることで違和感をなくしていけるはずです。

色や明るさの連続性を無視する

異なる時間を異なるカメラで撮影した素材は、明るさや色のトーンに一貫性があるか注意する必要があります。例えば同じシーンの中で暗いトーンの次に突然明るいトーンの動画が続くと、違和感を生むでしょう。また、「暖色・寒色」などの色のトーンの違いが不自然さを生むこともありますので注意しましょう。

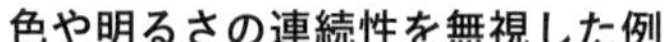

例：色のトーンと明るさがバラバラ

視点の連続性を無視する

視点の連続性には「イマジナリーライン」と呼ばれるルールが存在しています。イマジナリーラインは被写体の方向性と位置関係を保つために結ぶ仮想の線のことです。この仮想線を越えて動画をつないでしまうと、視聴者に違和感を与えることになりますので注意しましょう。

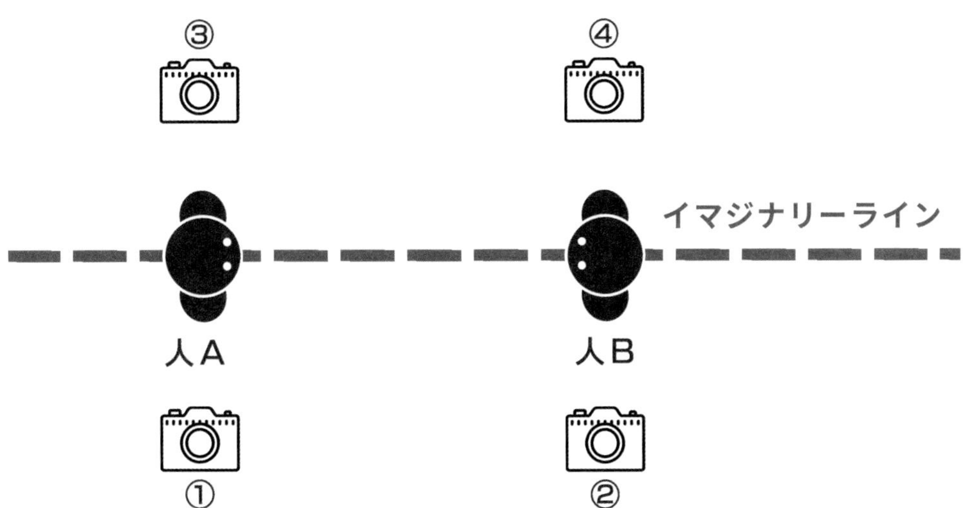

カメラ①の場所から撮影したカットに、カメラ③④の場所から撮影したカットをつなぐと、イマジナリーラインを越えてしまう。

POINT 不自然に見える例

例のように人が向かい合っている場合、2人のどちらか片側180°を超える素材をつなぎ合わせると不自然に見えてしまいます。具体例として、A-2とA-3をつなぐと、向かい合っているはずの人の方向がちぐはぐになり、位置関係がわからなくなってしまいます。撮影されたであろうカメラの位置と、人物を基準としたイマジナリーラインを意識して編集をするようにしましょう。

A-1

A-2

A-3

COLUMN

撮影について

カットつなぎはこれまで学んだように、1つ1つのカットの長さや順序などさまざまな要素によって素材を活かしていく奥が深い作業です。本書は動画編集をメインに話を展開していきますが、撮影も自分で行う場合は撮影時からカットつなぎのことを頭に入れておくと、よりクオリティが上がると思います。

撮影時に特に意識したいことは「主観的動画」と「客観的動画」の両方を撮影することです。

主観的動画

一人称視点や被写体に寄って撮影することで、見ている側に臨場感を与えます。

客観的動画

景色や被写体を引きで撮影することで、見ている側に5W1Hの情報を与えます。

そして2-12で学んだように、人を惹きつける動画を作るには画角（主観的動画と客観的動画）の変化が必要不可欠です。撮影時からこれら2つを意識して撮影し、編集で組み合わせることで少しは初心者っぽさを脱出できるでしょう。

昨今ではスマホでも十分綺麗な動画が撮影できるので、ぜひ撮影も始めてみてはいかがでしょうか。

Lesson 3

「構図」でセンスを磨く

Lesson

3-1 構図の大切さ

プロとアマの違いの一つとして、構図の良し悪しがあります。編集素材がいまいちの時には、編集で調節できるように知識を身につけておきましょう。

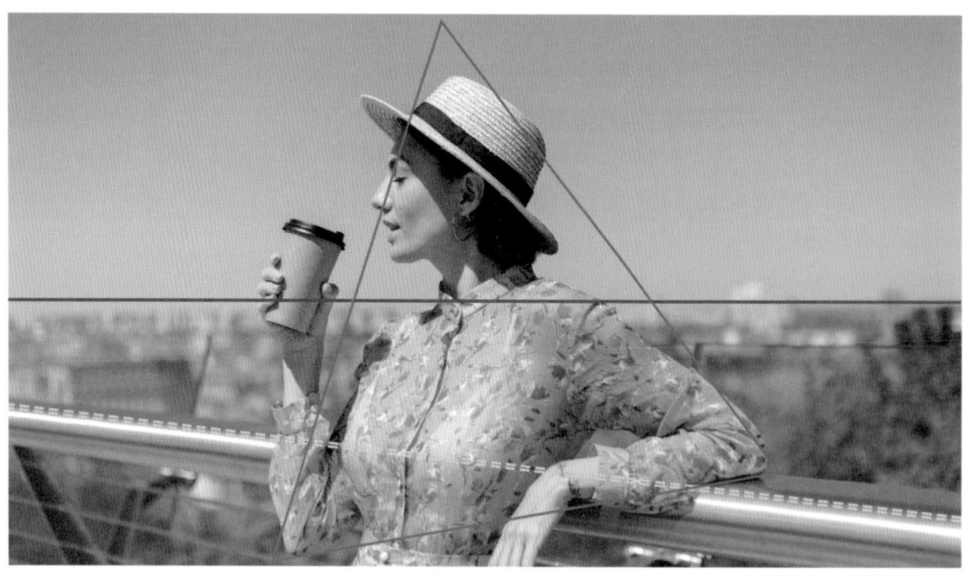

構図がもつ力

構図がもつ力には、①整理、②視線誘導、③演出、があります。いずれも動画で伝えたいことをより正確に、より強く届ける手助けとなります（1-6 でお伝えした「編集がもつ力」と似ていますね）。

1. 整理（≒要約）

後でご紹介する三分割構図などを用いると、画面内の情報を整理する働きがあるため、情報量が多いシーンでも、短い時間で視聴者に情報を届けやすくなります。

2. 視線誘導（≒強調）

構図の知識が身につくと、観て欲しいポイントに視聴者の視線を誘導する構図を選択できるようになります。3-2で詳しく説明します。

3. 演出（≒意味づけ）

構図には、寂しさや不安などの意味合いをもつものがあります。シーンに最適な構図を選択できると、視聴者により強いメッセージを届けることができます。

構図の即効性

本書では6つのLessonにわたり、動画編集のセンスを向上させる知識やテクニックをお伝えしていますが、センス向上に最も即効性が高いのは、おそらく「構図」だと思います。

構図を知っているか・いないかの差は大きいです。しかし、知ってしまえば誰でも簡単に活用することができます。

編集の壁

構図を編集で調節するには限界があります。理想の構図にしようと動画素材をクロップすると画質が悪化してしまいますし、たとえ4Kや8Kで撮影された素材であっても、撮影時以上に引きの画は再現できません。

そのため、構図は撮影時に意識できていることが最も望ましく、編集では微調整する程度のイメージをもっておくとよいでしょう。

POINT

編集ソフトの限界

動画・画像編集ソフトは年々進化しています。被写体を自動選択できたり、1クリックで空を置き換えたり、魅力的なエフェクトやフィルター機能が増えています。しかし未だに、自動で構図を調節してくれる機能はありません。

いつか構図を自動調節できる日を迎えるまでは、自分の力で魅力的な構図を創り上げていきましょう。

Lesson

3-2 ラインを読む

どんな動画素材（画）にも、ほぼ必ず「ライン」があります。ぜひこの「ラインを読む力」を、構図の知識と併せて身につけておきましょう。

ラインとは

画の中にある線上の要素のことをラインと呼びます。ラインには「目に見えるライン」と「目に見えないライン」があります。そして、ラインの方向はシーンに大きな影響を与えたり、観てほしいポイントへ視聴者の視線を誘導する働きもあります。ラインを読む習慣をつけておきましょう。

目に見えるライン（実線）、目に見えないライン（点線）

ラインがもつイメージ

下図のようなたった3本のラインでも、配置が違えば感じる印象やイメージも異なります。個人差はあると思いますが、みなさん自身で違いを体感してみてください。

また、どこへ･どのように視線誘導されるかも併せて確認しておくと、みなさんが構図を作り上げる際に、役に立つと思います。

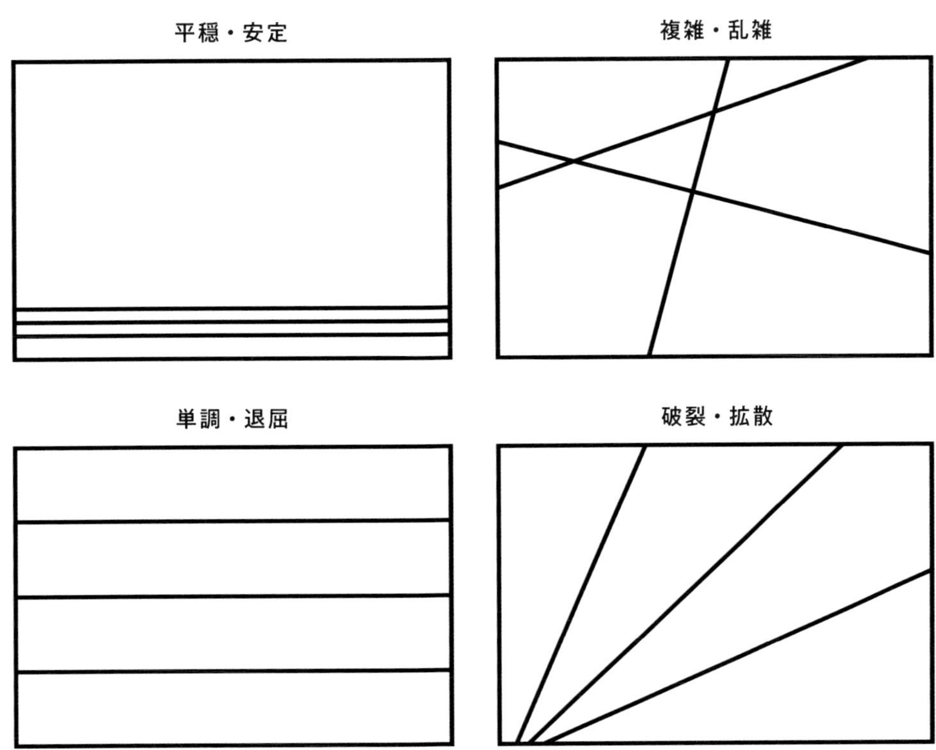

Zの法則・Fの法則

人の視線は、アルファベットの「Z」あるいは「F」の字を描くように動くということを聞いたことはありませんか？ これを「Zの法則」「Fの法則」と言います。

構図やラインの知識と併せて覚えておくことで、あらゆるシーンに最適な画作りができるようになるでしょう。

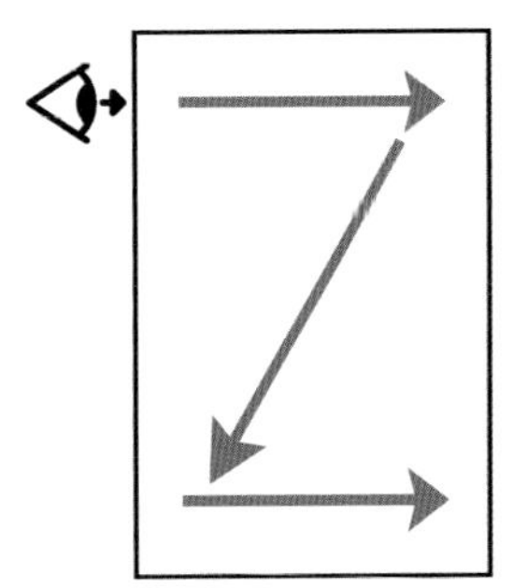

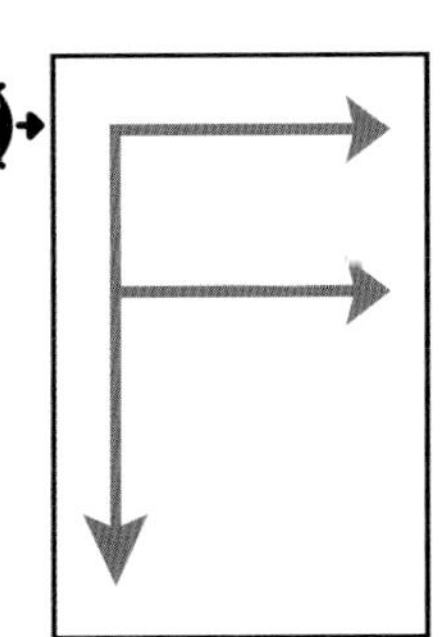

Lesson

3-3 3Dを意識する

みなさんが見ているPCやモニターの画面は2D（2次元）ですが、編集している動画では、基本的に3D（3次元）を意識するよう心がけましょう。

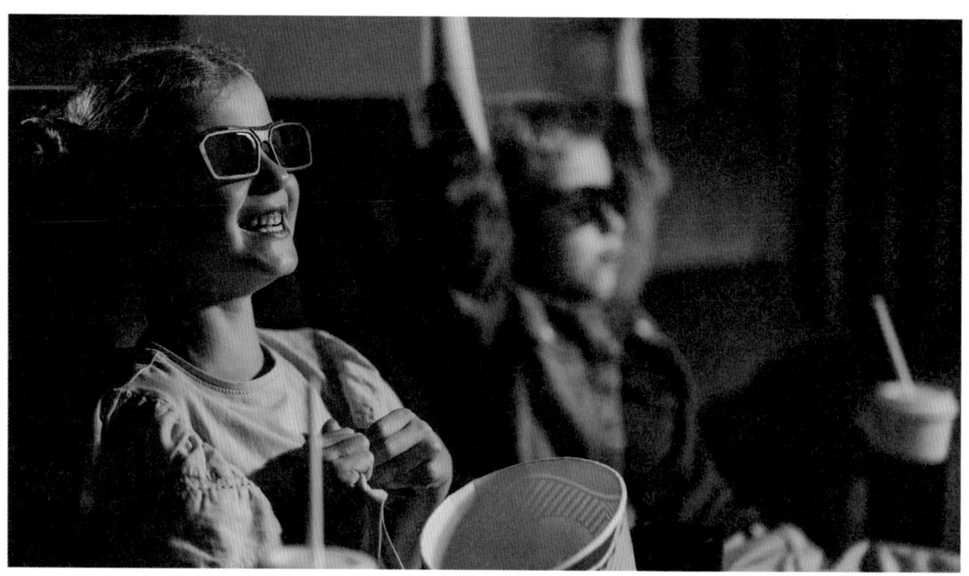

リアリティを高める

人が普段見ている世界は基本的に3次元です。動画にリアリティを生み、視聴者に違和感を与えない動画を作るには、3次元であることが伝わる表現・編集を心がける必要があります。

3次元の表現には、「奥行き・立体感」を感じさせる工夫が大切ですので、代表的なテクニックを覚えておきましょう。

1. オーバーラップ

近景・中景・遠景を生み出す画作りをすることで、奥行きが表現できます。わかりやすい例としては、「前ボケ・後ろボケ」が入った写真や動画が挙げられます。

もし、撮影時に奥行きが足りないなと思った場合は、編集で「ボケ」を加えてみるのもいいでしょう。

2. 明暗（コントラスト）

明るい箇所と暗い箇所の差を強調することで、奥行き・立体感を表現できる場合があります。

編集素材に奥行きが少し足りないなと感じた場合は、編集で明暗を調節してみるのもいいでしょう。ただし、やり過ぎはシーンの雰囲気を壊してしまうため注意が必要です。

3. ライン

「3-2：ラインを読む」でもご紹介した「ライン」には、奥行きを感じさせるものがあります。奥行きを感じるラインを読むことができると、どの素材のどの部分を使うと、より奥行きを生み出せるかがわかるようになり、より最適な素材選択が実現できるはずです。

POINT

意図的に2Dを挟む

3Dを表現することの大切さをお伝えしましたが、決して2Dの表現が「悪」ということではありません。場合によっては2Dの表現が効果的に機能することもあります。

例えば、YouTube動画の間にロゴやキャラクターアイコンだけの画を挟むことで、動画にリズムをもたらすことができます。

Lesson

3-4 画面内の重さ

動画編集する際、画面内の重さを意識したことはありますか? 登場人物の位置や、映っているモノの質量などで重さが変わるため、構図を意識する際に注意しましょう。

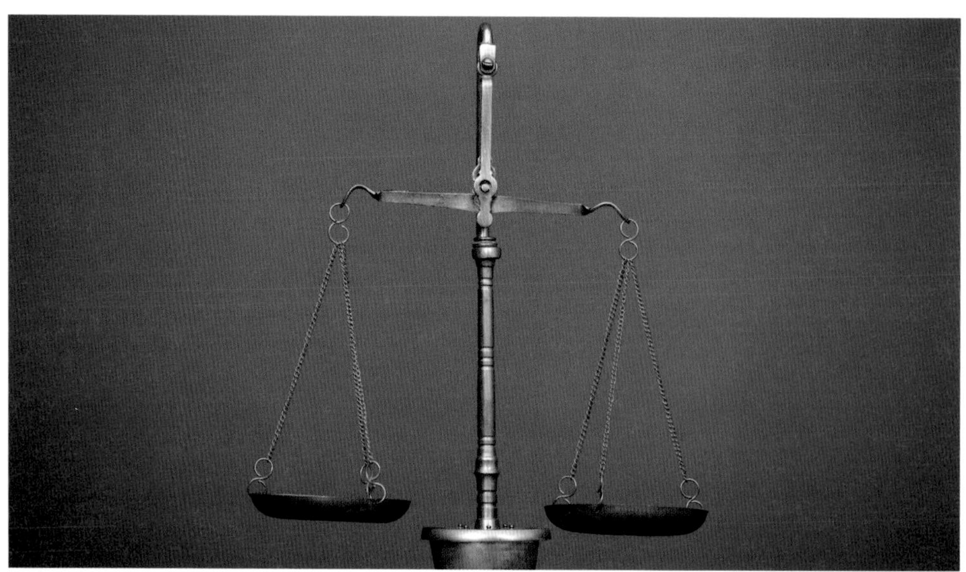

画面内のバランス

一見するときれいな構図作りができている場合でも、画面内のバランスが悪いケースがあります。バランスが悪くなってしまう理由の一つとして、 画面内の「重さ」を理解できていないことが考えられます。「重さ」を生む代表的なパターンを覚えておきましょう。

1. サイズの大小による違い

サイズが大きい方が、重みを感じやすい。

2. 数による違い

単体より集団の方が、重みを感じやすい。

3. 素材による違い

質量が大きい方が、重みを感じやすい。

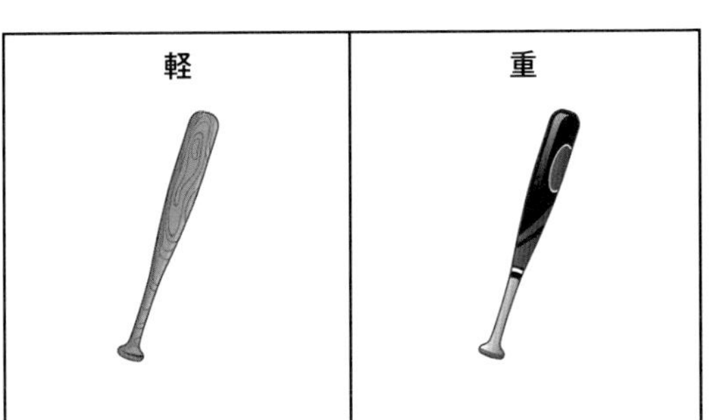

4. 位置による違い

画面の端にある方が、重みを感じやすい。

5. 色による違い

色が濃い方が、重みを感じやすい。

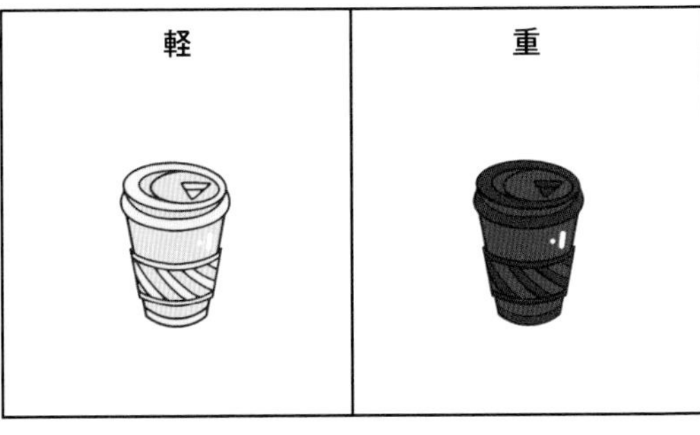

6. 存在による違い

認知度が高い方が、重みを感じやすい。

目の錯覚

人間は、目から入った情報に脳で補正をかけてしまい、「錯覚」を感じてしまう場合があります。この錯覚が起きてしまうのは仕方がないのですが、人がどのような錯覚を感じてしまうのかを知っておくことは、動画編集者を含むクリエイティブ制作者にとって大切なことです（「目の錯覚 デザイン」などで検索してみてください）。

1. ミュラー・リヤー錯視

2本の水平線の長さは同じでも、矢羽をつけると、外向きの矢羽をつけた方が長く見えます。

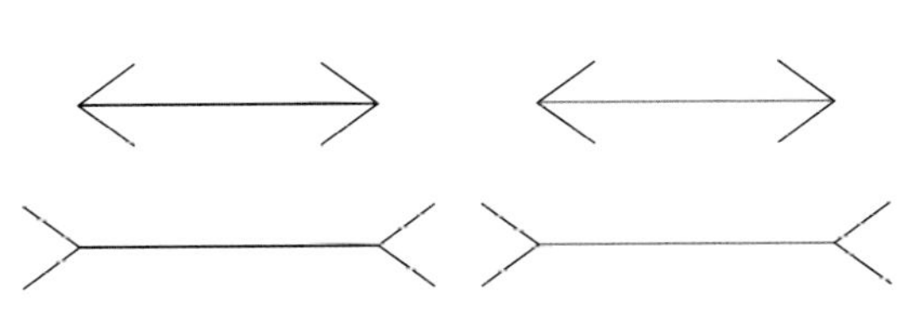

2. 三角形分割錯覚

三角形を四角形の中央に配置すると、数学的な中心に配置しても、少しずれて見えます。このような場合は、三角形の重心を中心に配置するとよいでしょう。

数学的な中心

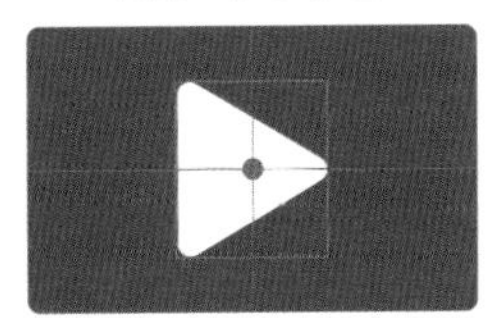

重心による中心

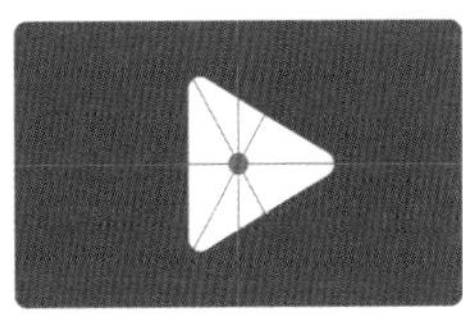

Lesson

3-5 安定感を生み出す構図①

まずは画面内の情報を整理しスッキリとした印象を与えたり、安定感・安心感を生み出すシンプルなラインで構成された構図を覚えておきましょう。

三分割構図

画面の縦横を三等分する線を引き、その線上や交点に、人物や風景を配置する構図です。4つの交点のいずれかに要素を配置することで異なる印象を与え、さまざまな場面で応用することが可能で、バリエーション豊富な表現に役立ちます。

二分割構図

画面を水平・垂直に二分割する線を引き、1：1のバランスで要素を配置する構図です。安定感を生み出すだけでなく、対照的な状況や世界観を強調することもできるため、色や明度に差をつけたり、ディテールに差をつけることで、対比をより強調することができます。

POINT シンプルさが抱える懸念点

スッキリとした印象や安定感を生み出す構図には、単純な構図が故に「退屈に感じてしまう」という側面もあります。そのため、「2-3：変化の必要性」でお伝えしたように、適切なタイミングで構図にも変化をつけることをおすすめします。

Lesson

3-6 安定感を生み出す構図②

シンプルなラインを使った構図は単調になりやすいのですが、ちょっとした変化をつけ加えることで、また違った印象を与えることもできます。

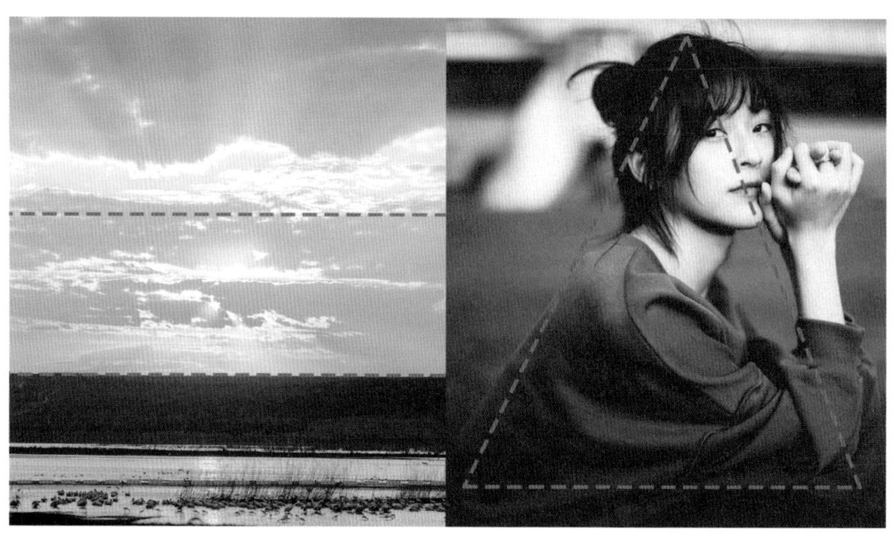

水平線構図

建物や風景などのラインを活かして、画面内に複数の水平線を作り出す構図です。近景・中景・遠景の3本の水平線があると、画に奥行きが増します。

水平線構図は、「広がり・静けさ・安定感」などの印象を与えやすく、風景シーンによく用いられます。ただし、原則としてラインが傾かないように注意が必要です。

三角形構図

画面の中に三角形のラインを作る構図です。安定感を与えるだけでなく、高さや奥行きなどを強調する際にも役立ちます。

正三角形だと安定感は増すものの、少し退屈な印象を与えてしまうこともあるため、シーンに応じた三角形の構図を取り入れるようにしましょう。

POINT 三角形の異なる印象

1. 安定感のある正三角形。
2. 底辺が広いと安定感が増す。
3. 安定と動きを兼ね備える直角三角形。
4. 底辺が狭いと不安定感が増すが、高さや奥行きが強調される。

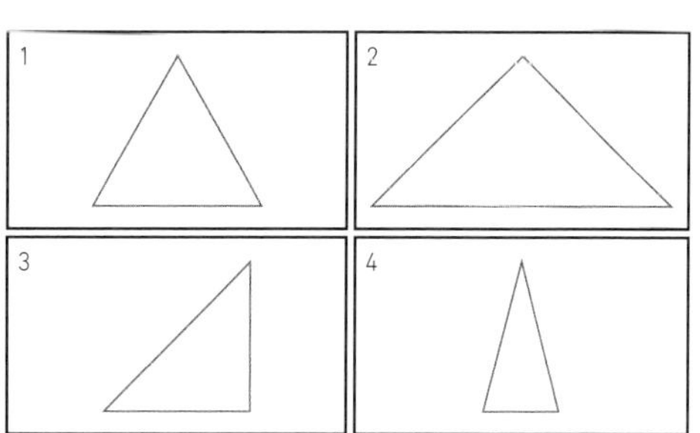

Lesson

3-7 主役を強調する構図①

主役となる人や風景を強調する構図は、動画内の重要なシーンで活躍します。まずは、シンプルな構図から覚えておきましょう。

日の丸構図

日の丸のように、画面中央付近に主役やメインとなる対象を配置する構図です。画面内の主役（メイン）を強調する効果があるため、伝えたいものが明確なシーンに活用することが向いています。

ただし、単調という側面もあるため、多用することは避けた方がよいでしょう。

フレーム・トンネル構図

メインとなる対象の四方を、額縁となるようなもので囲む構図です。囲まれているものに視線を向けてしまう人間の習性を活かし、主役（メイン）を強調すると同時に、奥行きを表現することにも役立ちます。

カラー編集でコントラストを強めると、主役をより強調したり、立体感を高めることも可能です。

POINT ビネット効果

多くの動画編集ソフトでは、カラー編集を行うことができ、画の輪郭や周囲をぼかす機能が搭載されています。この機能を使えば、日の丸構図やフレーム構図のような主役を強調する効果を少し再現できるため、覚えておくとよいでしょう。

Lesson 3-8 主役を強調する構図②

次に、フレーム・トンネル構図に類似する「サンドイッチ構図」と、多くの動画で見かける機会が多い「ぼかし構図」をご紹介します。

サンドイッチ構図

メインとなる対象を、建物や自然物などのラインで、左右・上下から挟み込む構図です。メインを強調するだけでなく、視聴者に同じ空間にいるような臨場感を与えます。

四方を囲むフレーム・トンネル構図より余白があるため、少し解放感も生まれます。

 ぼかし構図

メインとなる対象以外に「ぼかし」を入れた構図です。メイン以外にぼかしを入れることで存在感を弱め、メインへの視線誘導を強めることができます。メインを中景に配置し、近景と遠景をぼかすと、遠近感が増してよりメインを強調します。

POINT 撮影と編集で「ぼかし」は作れる

ぼかし構図を作るには、撮影時にカメラでぼかしを取り入れる方法と、編集時に「ガウス・ブラー・ライトリーク」などを加えてぼかす方法があります。

近年では、スマホでもミラーレスに引けを取らないぼかしが表現できるようになりました。編集者のみなさんは、編集でぼかすスキルも身につけておきましょう。

Lesson

3-9 主役を強調する構図③

次に、ぼかし構図とも少し効果が似ている「みきれ構図」と、思い切った構図とも言える「点構図」をご紹介します。

点構図

シンプルな空間の中に、ぽつんと「点」を置いたようにメインとなる対象を配置する構図です。空間がシンプルであればあるほど、メインへの視線誘導が強まり、空間の広がりも生まれます。被写体が画面の隅にある場合「すみっこ構図」とも呼ばれます。

みきれ構図

「見切れる」とは、本来「意図しないものが写り込んでいること」を指しますが、近年では「画の中に収まりきらず、一部が切れていること」という逆の意味で使われるようにもなっています。

重要ではない要素の「引き算」と、観て欲しい要素の「足し算」でメリハリをつけ、メインを強調する構図です。

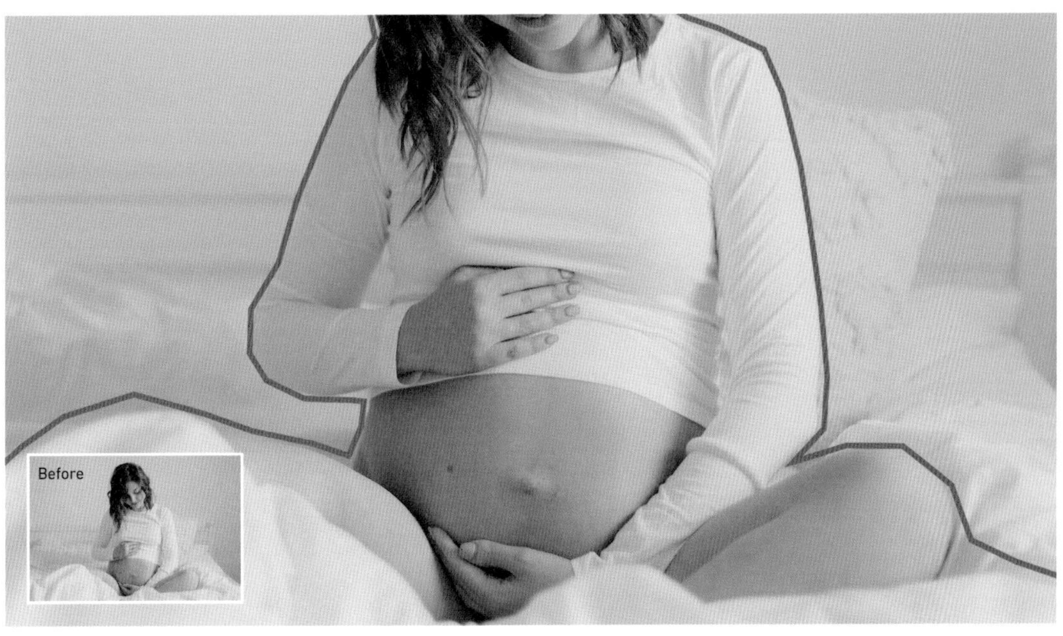

引き算：上図のBeforeのように、女性の全身が収まっている画で、最も観て欲しいポイントが女性のお腹であった場合、女性の表情を省くことで、「お腹」への視線誘導を強めることができます。

足し算：上図の左のように、2人の男性をあえて両サイドに写り込ませることで、主役の子供とのメリハリを生み、画面内のバランスが調整されています。

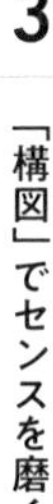

Lesson

3-10 動き・躍動感を生む構図①

動画編集の素材は、基本的に動いていることがほとんどです。構図の中には、それらの動きや躍動感をより強調することができるものがありますので、見ていきましょう。

曲線構図

人物のポーズや自然物のラインなどで、曲線やＳ字のラインを生み出す構図です。動きや躍動感はもちろん、女性らしさや柔らかさ、奥行きも生み出すことができます。

放射線構図

消失点から放射線状のラインが伸びている構図です。放射線が上向きにの時は「開放的」な印象を、下向きの時は「ドラマチック」な印象を与えます。ラインの広がり方で、さまざまな印象をもつ面白さがあります。

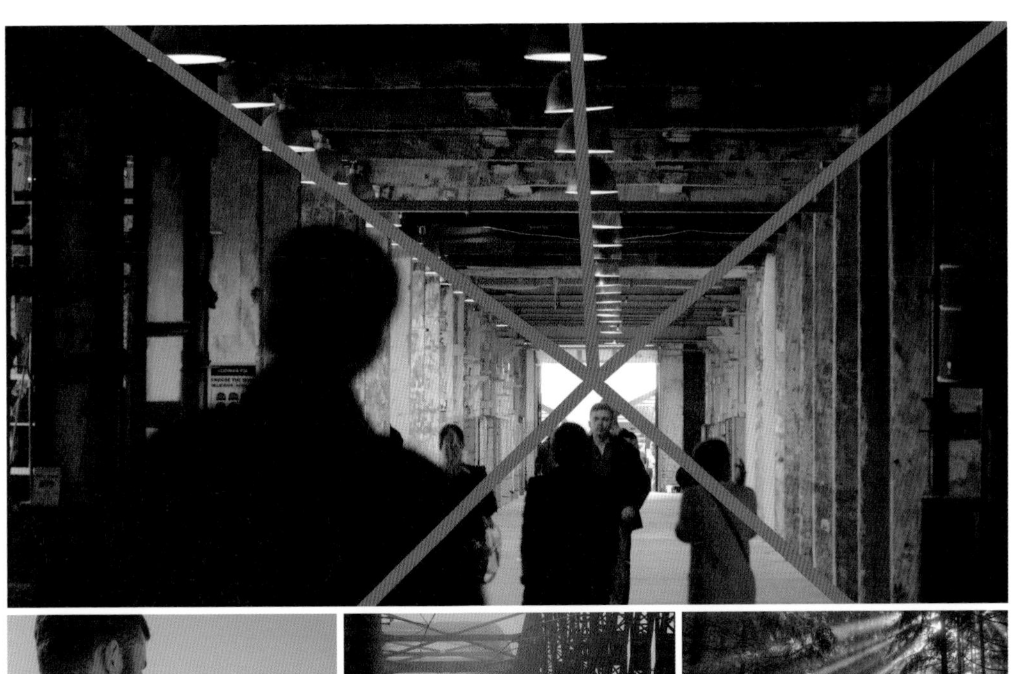

POINT

消失点と被写体

放射線構図は、消失点に向かって視線誘導されます。そのため、消失点の近くに観て欲しいものを配置すると、より注目される可能性が高まります。

Lesson

3-11 動き・躍動感を生む構図②

次に、画面内にななめのラインを用いた構図を2つご紹介します。ななめのラインは同じでも、伝わる印象が異なります。具体的に見ていきましょう。

斜線・対角線構図

画の中に、ななめのラインを取り入れることで「動」の印象を強める構図です。ラインの本数が多いほど、より印象的でダイナミックな表現になります。

ななめのラインは奥行きを表現することも可能ですが、少し難易度の高い構図の１つとも言えます。

ななめ構図

地面や海面など、本来水平であるものが傾いているラインを取り入れた構図です。傾ける角度が大きいと「不安定感」を生む構図でもありますが、適度な傾きをうまく取り入れることができれば、画に動きや流れを生み出すことが可能です。

POINT 不安定感を出す

悲しいシーン、主人公の感情が揺らいでいるシーン、これから予想される恐怖を感じるシーンなどでは、ななめ構図を意図的に取り入れることで、不安定感を強調できます。選択肢の1つとして覚えておくとよいでしょう。

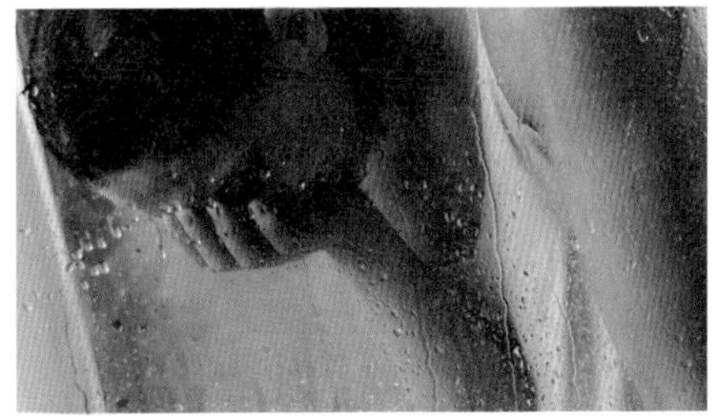

Lesson

3-12 動き・躍動感を生む構図③

次は、使用難易度が少し高い、上級者向けの構図をご紹介していきます。使える場面はある程度限定されますが、ここぞと言う時にうまく取り入れてみてください。

ジグザグ構図

人物などの要素をジグザグに配置する構図です。ジグザグのラインによって視線誘導がリズムよく行われるだけでなく、ラインに沿った動きも生まれます。また、奥行きや遠近感を表現する際にも役立つ構図です。

逆三角形構図

名前の通り、逆三角形のラインを取り入れた構図です。3-6でご紹介した、安定感を生み出す三角形構図とは正反対の効果を持ち、「不安定」な印象を与える構図でもあります。

ですが、使い方次第ではクールな印象を与えたり、アクセントとなる動きを表現することも可能です。

応用編として、複数の三角形のラインを取り入れた「複合三角形構図」という構図もあります。

三角形の組み合わせ方で、さまざまな印象を生み出すことができる、表現幅の広い構図です。

Lesson

3-13 インパクト・独創的な印象を生む構図

最後に、インパクトを与えたり独創的な印象を与える構図をご紹介します。普段観ている映像でも用いられているテクニックです。知識として身につけておきましょう。

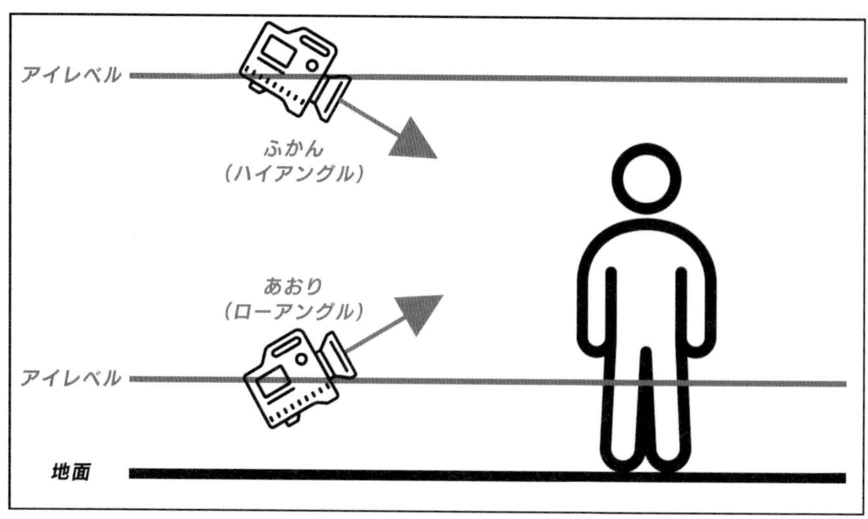

あおり・ふかん構図

あおり構図は、被写体や建物などを見上げるように映し、ふかん構図は、被写体や建物を見下ろすように映したものです。あおりは「ローアングル」、ふかんは「ハイアングル」とも呼ばれます。

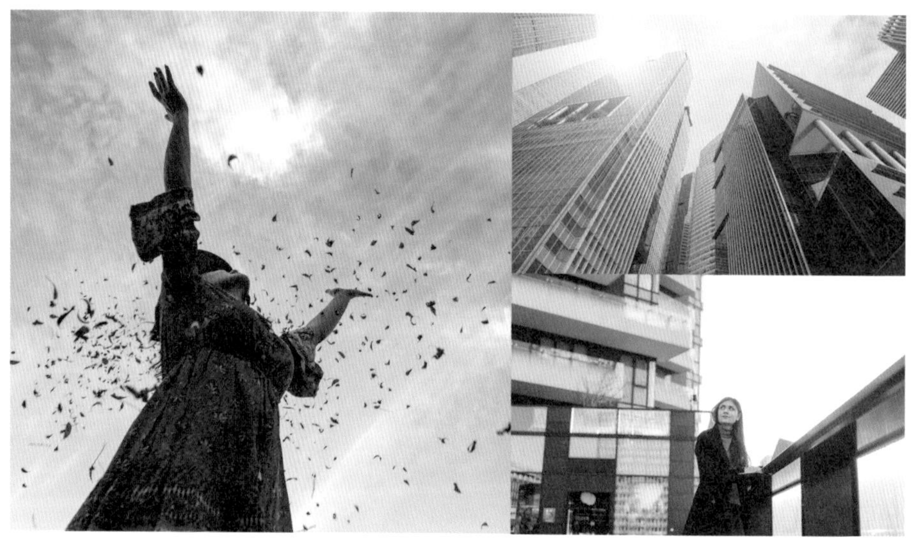

あおり構図は、被写体や空の高さを強調したり威圧感や迫力を演出する際に効果的

ふかん構図は、状況説明や、被写体の愛嬌や可愛らしさを演出する際に効果的

真(ま)ふかん構図

ふかん構図の中でも、真上からのふかん構図を「真ふかん構図」と呼びます。映えることから、近年のSNSでもよく見かける構図の1つだと思います。

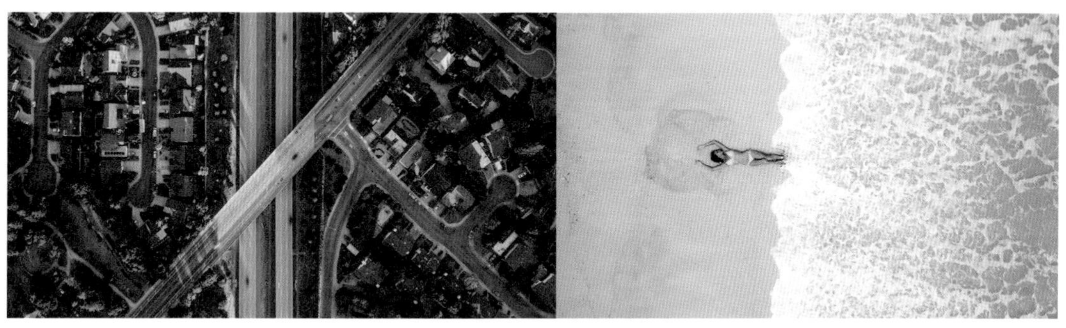

また、真ふかん構図の反対に、真下から見上げる構図もインパクトを生みます。

Lesson

3-14 避けたいパターン

シンプルで使いやすい構図から、独創的で難易度の高い構図までご紹介してきました。「避けたいパターン」についてもご紹介しておきますので、頭の隅に置いてください。

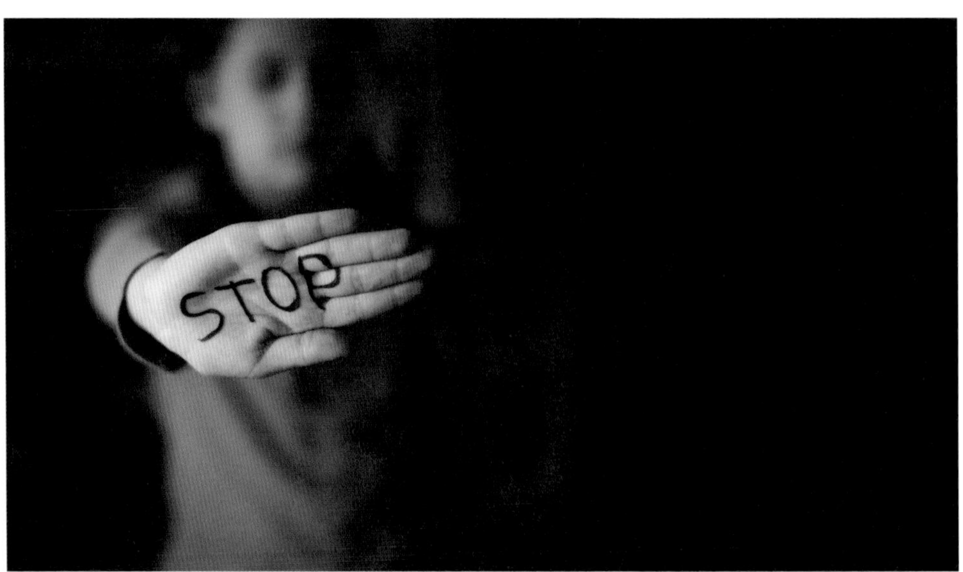

構図のラインは目安

みなさんが編集する動画素材は被写体自体が動いている、あるいはカメラワークが伴っていることがほとんどだと思いますので、常に「ある構図」にピッタリと当てはめ続ける必要はありません。三分割構図や二分割構図などでお見せしたラインはあくまで目安としてください。

もし可能であれば、バスケのシュートシーンなど、動画素材のサビ（ピーク）となるポイントで、ある構図にピッタリと当てはまるように編集すると、クオリティがUPすると思います。

動画素材のサビを探してみるのも楽しいと思います。

同じ構図の連続

ある構図に当てはまっているからといって、同じ構図の画ばかりだと視聴者は飽きてしまうため、1カットの構図ばかりに気を取られることなく、編集中の動画全体がどのような構図を取り入れているのかも確認するようにしてください。

もちろん、意図的に同じ構図を使ってカットつなぎをしているのであれば、何も問題ありません。

極端なスケール変更

ある構図に当てはめたいからといって、編集素材を極端にズーム（拡大）して位置を調節すると、画質が悪くなってしまいます。この点にも注意しながらズーム調節するようにしましょう。

もし、4K素材をフルHDで書き出すなど、編集素材の解像度>書き出しの解像度という環境であれば、少し思い切ったズームが可能になるため、併せて覚えておくとよいでしょう。

構図は手段の1つ

たくさんの構図をご紹介してきましたが、構図を用いるのは動画のクオリティやセンスを上げるための手段の1つに過ぎません。そのため、全ての編集素材を何かの構図に当てはめなければいけないというわけではありません。

本書では他にも動画編集に役立つテクニックをご紹介していますので、たくさんの知識を吸収した後は、これから編集する動画素材に最適な手段を選択し、人を魅了する動画作りをしていただければと思います。

Lesson

3-15 プロの映像から学ぶ

本書では代表的な構図の知識をお伝えしたものの、伝えきれていない構図や知識がまだまだあります。みなさん自身で知識を得る方法を身につけておきましょう。

プロの映像から学ぶ

映画やドラマなどのプロの映像作品を、構図を意識しながら観ることはとても大切で、たくさんの知識を得ることができます。あるいは、「Artgrid」や「Motion Array」などの、フッテージ（素材）を配布するサイトを活用するという方法もおすすめです。

フッテージサイト活用

「Artgrid」や「Motion Array」などのフッテージサイトの多くは、プロが撮影した素材が豊富にあり、観るだけなら無料です（ネット通信量は発生します）。

また、費用は発生しますが契約をすると、それらの素材をダウンロードすることが可能になり、プロの撮影素材で編集の練習も可能になります。

Artgrid と Motion Array は、私たちも長く利用しているサービスですので、簡単ですが「サービス概要」と「お気に入り・おすすめポイント」をご紹介しておきます。詳細が気になる方は、QR コードを読み取って WEB サイトを確認してみてください。

Artgrid

https://bit.ly/recplus_artgrid
※上記 URL から登録すると通常 12 ヶ月契約が 14 ヶ月に延長になります。

サービス概要	お気に入り・おすすめポイント
無制限ダウンロード可能な、サブスクリプション型のロイヤリティフリー映像素材サイト 3つの料金プラン ・Junior：$239/ 年（$19/ 月） ・Creator：$359/ 年（$29/ 月） ・Pro：$599/ 年（$49/ 月） ※変更される可能性があります ※小数点以下切り捨て プランによって、ダウンロードできる素材の「解像度（HD, 4K, RAW/LOG）」と「コーデック（H.264, ProRes/DNxHR）」に違いがあります。	**1. 高品質な映像素材が豊富** プロが撮影した素材や、何百万もするカメラで撮影された素材が豊富 **2. ライセンスがシンプルで自由度が高い** どの素材もプラットフォームに制限なく、ロイヤリティフリーで商用利用可能 ※暴力を表現する映像など、一部例外あり **3. 同じシーンの映像が揃っている** 多いものだと、同じシーンの映像素材が 100 個を超えるものもあり、一連のストーリーを表現することも可能

Motion Array

https://bit.ly/recplus_motionarray
※上記 URL から年間プランを登録すると割引が適応されます。

サービス概要	お気に入り・おすすめポイント
無制限ダウンロード可能な、サブスクリプション型のロイヤリティフリー素材 * サイト ※動画・音楽・効果音・ビデオテンプレート・プリセットなどを含む 3つの料金プラン ・月額更新プラン：$29/ 月 ・年間更新プラン：$249/ 年 ・チームプラン（2-20 人用）：$18/ 月 1 人 ※変更される可能性があります ※小数点以下切り捨て ※月額と年額で異なるのは、料金のみ	**1. 動画編集に役立つ素材が豊富** 動画素材だけでなく、音楽、効果音、テンプレートなどの素材が豊富 **2. ライセンスの自由度が高い** 多くの素材（全てではない）がプラットフォームに制限なく、ロイヤリティフリーで商用利用可能 ※暴力を表現する映像など、一部例外あり **3. 一部無料の素材がある** アカウント登録するだけでダウンロード可能な素材もある

COLUMN

構図と併せて覚えておきたい知識

Lesson 3では、構図の大切さ〜代表的な構図をご紹介してきましたが、みなさんはいくつの構図を覚えていますか？もちろん全てを覚えておく必要はありませんので、本書を辞書的に使用していただいたり、「これ使えそうだな」「今後使ってみようかな」という構図がありましたら、本書をスマホ撮影しておくなどしていただければと思います。

構図と併せて覚えておきたい知識をいくつかご紹介します。

1. アスペクト比

画像や動画の縦横比のこと。代表的なものとしては「4：3」（スタンダード）や「16：9」（ワイド）の2種類が挙げられます。

他にも「2.35：1」（シネマスコープ）などさまざまあり、異なる印象を与えます。

16：9

4：3

2. 向き

動画よりも画像で意識されることが多いですが、縦と横のどちらが長いかを示します。

近年では、縦型の動画需要も増えてきました。

3. フレーミング

題材を構図内にどのように配置するかを指す用語。うんと小さくしたり、画面いっぱいにしたり、画面からはみ出したりと、さまざまな選択肢があります（詳しくは2-6参照）。

Lesson 4

「音」で センスを磨く

Lesson

4-1 音の大切さ

みなさんが編集する動画は、ほとんどの場合で「音あり」であると思います。まず最初に、動画にとっての「音の大切さ」を知っておきましょう。

動画における「音」の大切さ

動画や映像に「音」が大切な理由はたくさんあると思いますが、私たちが思う一番の理由は「映像体験の半分はサウンドが占めている」ということです。

みなさんもこの機会に、動画における「音の大切さ」について考えてみると、新しい発見があるかもしれません。

映像体験と五感

動画や映像の多くは「視覚と聴覚」を使って体験します。そして聴覚は、視覚と違って基本的に遮断することができないため、聴覚からの影響は視覚以上にあると言っても過言ではないでしょう。

近年では、水や匂いも体験できる4Dの映画も普及してきましたので、「触覚や嗅覚」を使った映像体験も盛んになるかもしれません。

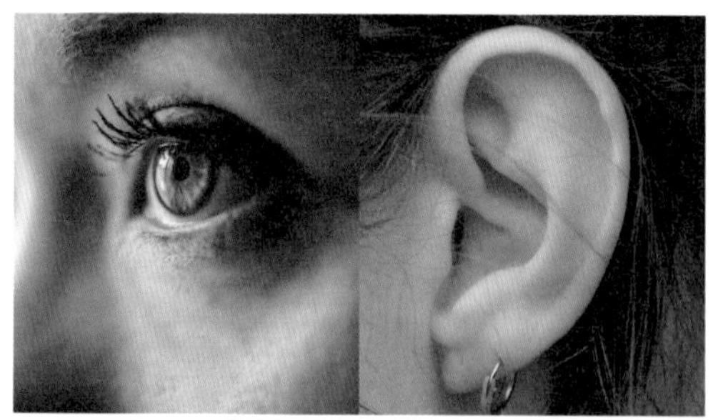

ジョージ・ルーカスの言葉

世界的な映画監督であるジョージ・ルーカスも「映画制作者は最高品質のサウンドトラックを使用することに尽力した方がよい。なぜなら、投資という観点において、支出に対して最も大きな見返りが得られるのはサウンドだからだ」と言っているようです。

無音の映像

動画における音の大切さを簡単に体験するには、動画の音を全て消した状態で視聴してみるとよいでしょう。個人差はあるものの、おそらく30秒〜1分を超えると退屈に感じたり、飽きてしまうかと思います。

しかし、数秒程度の無音であれば、動画にアクセントを生み出し、むしろ人を惹きつけることができますので、テクニックの1つとして覚えておくとよいでしょう。

可聴範囲

人は、どんな音でも聞くことができるわけではなく、聞くことのできる音の範囲（大きさや高さ）が限られています。そして、人が聞くことのできる音の範囲を「可聴範囲」と言います。

可聴範囲を超えた音の設定は避けるべきですが、動画内のさまざまな音（主人公のセリフ・BGM・効果音など）を調節することも編集者には求められます。

音の奥深さ

前述した人間の特性からしても、編集者が音に関する知識を身につけておく必要性をご理解いただけたと思いますが、音に関する知識はとても奥が深く、難しい要素を多く含みます。本書ではあまり深くを語らず、「音がもつ4つの効果と作例」をご紹介していきます。

本書をきっかけに、音についてもっと深く勉強したいと思われた方は、音の専門書などから知識を得るようにしていただけますと幸いです。

Lesson

4-2 代表的な音要素

音の大切さが理解できましたでしょうか。次に、代表的な音の要素をご紹介しますので、まずはこれらだけでも覚えておきましょう。

代表的な音の3要素

動画に使用される代表的な音には「ことば（言語）」「SE」「ME」の3つがあり、「音源の3要素」と呼ばれています。これらの音の3要素を、映像とうまく組み合わせることが、プロとアマの違いの1つと言えます。

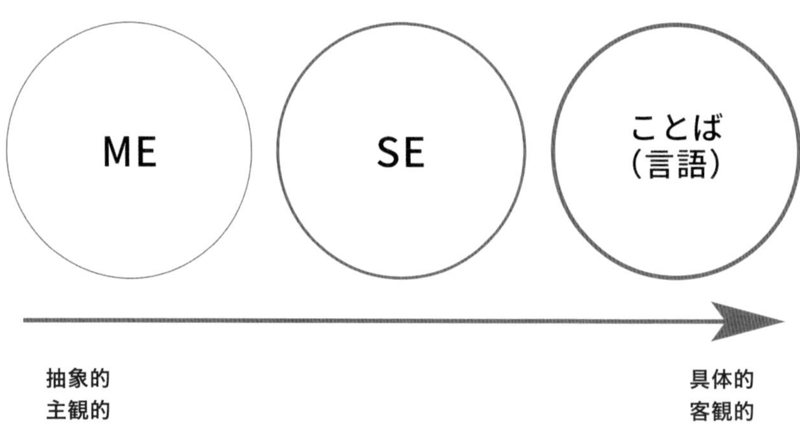

ことば（言語）

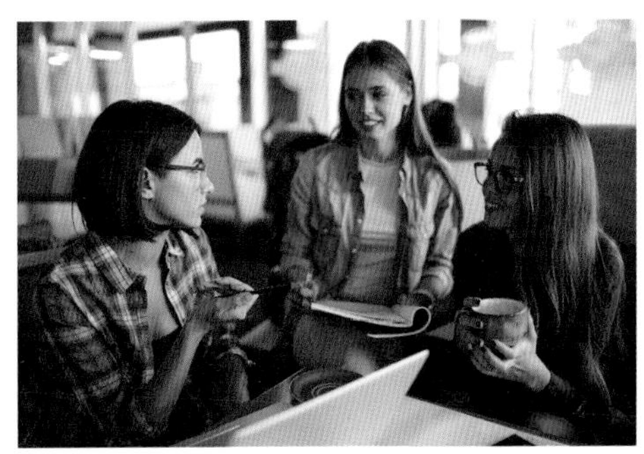

みなさんが聞いている最も多くの音は「ことば（言語）」だと思います。言語は、人から人へ複雑な内容を客観的に伝えたり、抽象的な内容を具体的に伝えることができる、貴重な伝達手段です。言うまでもなく、動画内の音としてもとても重要な働きをします。

また、言語には「文字」と「話し言葉」があり、動画編集ではこの両方を取り入れることが可能です。同じ言語でも、「文字（視覚）」で伝えるのと、「話し言葉（聴覚）」で伝えるのとでは、異なる印象を与える場合があるため、使い分けを意識してみるのもよいでしょう。

SE（エスイー）

SEとは、「Sound Effect」の略称で、音響効果のことです。もっともわかりやすく言うと「効果音」です。実際の音である場合もあれば、人工的に作り出された音である場合もあります。

例えば、「心拍音」や「水滴が水面に落ちる音」など、実際にはほとんど聞こえない音を誇張して視聴者に伝えることができるため、臨場感を高めることに役立ちます。

ME（エムイー）

MEとは、「Music Effect」の略称で、もっともわかりやすく言うと「BGM」です。MEは、ことばやSEと比べると、最も抽象的・主観的な情報を伝えます。

また、情緒的な情報を伝える際にも役立ちますので、動画全体のイメージ・雰囲気を作り出すことが得意な音でもあります。動画によっては、視聴者に届く最も多くの音がBGMということもありますので、うまく活用できるようにしましょう。

Lesson

4-3

音がもたらす効果：イメージ誘導効果①

「音」が人に与える代表的な効果の1つ目は、「イメージ誘導効果」です。具体的な作例とともに見ていきましょう。

イメージ誘導効果

イメージ誘導効果とは、音によって映像の雰囲気を明るくしたり、シネマティックにしたり、SF風の雰囲気を醸し出したりと、イメージを誘導する効果のことです。

たとえ同じ動画素材であっても、聴覚から受ける刺激によってそのイメージが大きく変わるため、「動画で伝えたいイメージ」と「音から伝わるイメージ」がチグハグにならないように、うまく方向性を統一してあげる必要があります。

BGMとイメージ

視聴者に動画のイメージをより正確に伝える際に、最も効果的な音は「BGM」だと思います。みなさんが普段視聴しているほとんどの動画にもBGMがあると思いますが、何気なく聞こえているBGMによって、無意識のうちに動画のイメージを形成しています。

映画やドラマなどを見るときに、どんなシーンに対してどんなBGMが使用されているのか、意識してみると新しい発見があるでしょう。

具体例

BGMが違うだけで、どれだけ異なるイメージに感じるかを体験していただくための具体例を用意したので、試してみてください。

①右の4つのカットを見て、動画のイメージを自由に想像してみてください。何が正解という訳ではありませんので、あまり深く考えずイメージしてみてください。

②作例動画を視聴してみてください。BGMは2パターン用意しています。

いかがでしたでしょうか。イメージと一致している方・していなかった方など、さまざまいらっしゃると思いますが、少しだけでも音によって「感じるイメージ」が異なることを体感いただけたら幸いです。

Lesson

4-4 音がもたらす効果：イメージ誘導効果②

音がもつ「イメージ誘導効果」について、もう少し具体的な事例をご紹介しますので、動画編集を実践する際の参考にしてみてください。

代表的なイメージ

多くの音源サイトに備わっている絞り込み機能の1つに「雰囲気・ムード」といった項目があるように、音にはどんな雰囲気のものがあるのか、ある程度代表的なものを知っておくと役に立ちます。

シネマティック	ハッピー ハピネス	ミステリアス	ホープフル 平和的な
パワフル 力強い	ファニー 面白い	エキサイティング	シリアス
ドラマチック	ホラー 怖い	ロンリネス 寂しい	セクシー 愛しい
日本らしい	カジュアル	クール 爽やか	レトロ

もちろん、この他にもたくさん存在しますので、自分の好きな動画の雰囲気・イメージを見つけておくことも、スキルアップに役立つと思います。

練習問題

以下の例A・Bの画像を見て、動画のイメージを想像してみてください。そして、そのイメージに合う音（BGM）は、どんなものが最適かを考えてみましょう。

このように、映像からイメージを汲み取り、最適な音（BGM）を考える癖をつけておくと、音を使って動画の魅力をより引き出す力が身につくはずです。

A

B

Lesson 4-5

音がもたらす効果：感情誘導効果①

「音」が人に与える代表的な効果の2つ目は、「感情誘導効果」です。具体的な作例とともに見ていきましょう。

感情誘導効果

感情誘導効果とは、音によって人をリラックスさせたり、緊張感を与えたり、楽しい感情、悲しい感情などを誘導する効果のことです。

前述した通り「聴覚からの影響は、視覚以上に感情に訴える力がある」ため、感情の変化を瞬時に引き起こすことが可能です。みなさんが普段見ている動画でも、音を使った感情誘導効果はたくさん使われているでしょう。

SE（効果音）

感情誘導効果を最大限発揮するためには、BGMだけでなくSE（効果音）をうまく動画に当て込むことが大切です。

適切なSE（効果音）を使いこなせると、BGMより視聴者の感情をうまくコントロールして、動画に感情移入させることができると思います。また結果として感情移入してしまうような動画には、「音」がうまく用いられているケースが多いです。

具体例

SE（効果音）があるのとないのとでは、どれだけ違いがあるのか。実際に体験していただくための具体例を用意しましたので、試してみてください。

①右の4つのカットを見て、動画のイメージを想像してみてください。何が正解という訳ではありませんので、あまり深く考えずイメージしてみてください。

②作例動画を視聴してみてください。冒頭の動画にはSEがなく、後半の動画にSEを加えています。

いかがでしたでしょうか。おそらく後半のSEありの動画の方が、緊張感や臨場感を体感いただけたのではないでしょうか。

SEが聞こえるのは、数秒であったり、1秒に満たなかったりしますが、とても重要な役割を果たします。細部の音にまでこだわってみると、センスが大きく向上すると思います。

Lesson

4-6 音がもたらす効果：感情誘導効果②

音がもつ「感情誘導効果」について、もう少し具体的な事例をご紹介しますので、動画編集を実践する際の参考にしてみてください。

代表的な感情

人間の感情には「喜怒哀楽」のように、代表的なものがいくつか存在します。ここでは、人間の代表的な感情と、その感情を誘導するために役立つ具体的な効果音（SE）をいくつかご紹介しますので、参考にしてみてください。

誘導したい感情	効果音
喜び	拍手音、クラッカー音、イェーイという声
悲しみ	鼻水をすする音
怒り	ドスドスとした足音、ドアを強く閉める音
驚き	ハッと息を吸い込む音
恐れ	速い心拍音、深呼吸する音
嫌悪	ため息の音

練習問題

以下の画像の横に、視聴者に感じて欲しい感情を書いてみました。その感情を引き出すためには、どんなSEが最適かを考えてみてください。

作例動画には、SEなしバージョンの動画の後に、SEありバージョンの動画を用意しています。少しでも違いを感じていただければと思います。

視聴者に抱いて欲しい感情

ただのゴルフ場ではなく、大自然の中にいるような感情を抱いて欲しい。

勝敗を決める、とても重要な1打であるという感情を抱いて欲しい。

選手同様に、手に汗握る緊張感を感じて欲しい。

見事にカップインしたことへの喜びを感じて欲しい。

Lesson
4-7 音がもたらす効果：行動誘導効果①

「音」が人に与える代表的な効果の3つ目は、「行動誘導効果」です。具体的な作例とともに見ていきましょう。

行動誘導効果

行動誘導効果とは、高級レストランでゆったりとしたテンポの音楽を流すことで、食事のスピードが少し遅くなったり、小さめの音量にすることで、話し声が小さくなったりと、人の行動を誘導する効果のことです。

これまでにご紹介した、「イメージ誘導効果」や「感情誘導効果」と連動している要素も多いですが、人は音によって多くの行動を誘導されているという研究結果もあります。

音楽を聴きながらランニングをすると音楽のテンポに合わせて走るようになるなど、身近なところでも無意識に行動誘導されていたりします。

BPM（テンポ）

行動誘導効果を発揮するために効果的な方法は、BGMのテンポをうまくコントロールすることが挙げられます。音楽の分野ではBPM（Beats Per Minute）と言われており、1分間の拍数を表します。

多くの音源サイトではBPMを指定した絞り込みが可能であるため、「BMPが高い＝テンポが速い」「BMPが低い＝テンポが遅い」と覚えておくとよいでしょう。

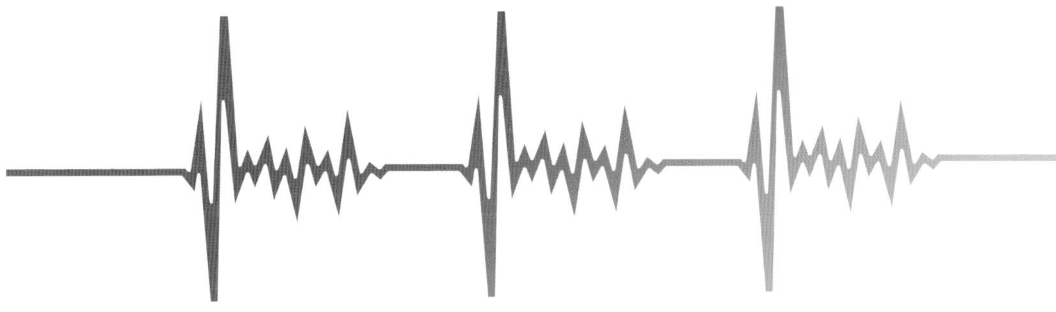

具体例①

高級レストランでは、ゆったりとしたテンポで、音量も控えめなBGMが流れていると思います。これは、落ち着きのある空間を演出するブランディング的な意味合いもありますが、ゆっくりと食事をしてもらい、静かな声での会話を促す効果もあります。

具体例②

スポーツBarやビアガーデンなどでは、少し速めのテンポで、音量も大きめのBGMが流れていると思います。これは、店内を賑やかな雰囲気にすることだけではなく、食事をたくさん食べてもらったり、お酒をたくさん飲んでもらったり、賑やかな会話を楽しんでもらうことを促す役割もあります。

Lesson

4-8 音がもたらす効果：行動誘導効果②

115-1.mp4

音がもつ「行動誘導効果」について、もう少し具体的な事例をご紹介します。動画編集を実践する際の参考にしてみてください。

テンポと体感速度

前ページではBGMのテンポによって人間の行動が速くなったり、遅くなったりすることをご紹介しました。これらの行動が誘導されるのは、テンポによって人間が感じる体感速度（時間認識）に変化が生じるためです。

同じ素材で、同じカットつなぎをした動画で、BGMだけを変えた例を用意したので、参考までに観てみましょう。

補足

BGMの音量の違いによって、人間の声も大きくなったり、小さくなったりする現象には、行動誘導効果だけでなく、後に紹介する「マスキング効果」も影響しています。併せて覚えておくとよいでしょう。

具体例

作例動画の前半には、アップテンポのBGMを使用し、後半にはスローテンポのBGMを使用しています。

使用している素材は4シーンで、同じカットつなぎを行いました。約10秒の動画ですが、おそらく前半の動画よりも後半の動画の方が長く感じるのではないでしょうか。

このように同じ映像素材でも、適切な音（BGM）を組み合わせることで、視聴者に感じてもらう時間の流れをよりコントロールすることができますので、覚えておくとよいでしょう。

感じ方には個人差があるかもしれませんが、同じ10秒でも、与える体感速度・認識時間に違いが生じることを、感じていただけると幸いです。

POINT BPMの目安

BPMが高いとアップテンポに、BPMが低いとスローテンポに感じると、P.113でお伝えしました。参考までに目安となるBPMもお伝えしておきます。テンポの感じ方には個人差がありますので、あくまで目安としてください。

BPM	感じるテンポ
～60	ゆっくり
80～110	心地いい
130～	はやい

また、一般的にはBPM＝60～80が大人の心拍数と同じテンポのため、最も落ち着く・リラックスできると言われています。

Lesson

4-9 音がもたらす効果：マスキング効果①

117-1.mp4
117-2.mp4

「音」が人に与える代表的な効果の4つ目は、「マスキング効果」です。具体的な作例とともに見ていきましょう。

マスキング効果

マスキング効果とは、ある一定の周波数帯で音を発生させることで、同じ周波数の音がかき消される現象のことです。例えばBGMがないカフェでは、隣のお客さんの声がよく聞こえるが、BGMがあるとあまり気にならないといったような働きをする効果のことです。

動画を作る際においては、これまでにご紹介してきた効果と比べると関連性が薄いと思いますが、マスキング効果まで意識した音の調節ができると、一段とクオリティがUPすると思います。

練習問題

動画編集をする際には、マスキング効果を再現する場合もあれば、意図的に再現しない（無視する）場合もあります。どちらの方が良いということではなく、それぞれに効果がありますので、意図に合わせて使い分けましょう。

マスキング効果を再現した例

マスキング効果を再現すると、人間が普段感じている音の聞こえ方をするため、よりリアルな表現をすることができます。特に意図がない場合は、マスキング効果に従った音の調節をすることをおすすめします。

作例動画では駅のホームに流れる音声案内が、ホームを通過する電車の音や、ホームの人混みの音によって、かき消されて聞こえるように音量調節を行なっています。普段みなさんが駅で聞いている音の聞こえ方に近いのではないでしょうか。

マスキング効果を無視した例

マスキング効果を意図的に無視する場合としては、何か別のことを視聴者に伝えたい時に用いることが多いです。

作例動画のように、女性が時間に追われて、駅のホームを足速に歩いていることを明確に視聴者に伝えたい場合は、通常では他の音にかき消されて聞こえないであろう足音を、SEを取り入れるなどして強調するとよいでしょう。

作例動画では駅のホームに流れるアナウンスや人混みの音よりも、足音の方が少し大きく聞こえるように音量の調節を行なっています。映画やドラマなど、編集された映像・動画の中での音の聞こえ方に近いと思います。

Lesson
4-10 音がもたらす効果：マスキング効果②

音がもつ「マスキング効果」について、もう少し具体的な事例をご紹介します。動画編集を実践する際の参考にしてみてください。

ノイズ

マスキング効果の主な使い方として、ノイズを軽減することが挙げられます。私たちは動画編集時における「ノイズ」を、「視聴者に伝えたくない音」と言い換えることができると考えています。みなさんも動画編集をする際に直面する音だと思います。

ですが、動画編集にてノイズを軽減・除去する方法はいくつかあります。ぜひ覚えておいてください。

1. ノイズ除去機能を使う

近年の動画編集ソフトの多くは、音声データに入っているノイズを簡単に除去できる「ノイズ除去機能」が搭載されています。この機能を用いるのが最も効率がよいでしょう。

2. 音量の調節機能を使う

ノイズ除去機能を使ってもまだノイズが気になる場合は、ノイズが含まれる部分のみの音量を下げることで改善できる場合があります。ただし、無理な音量変更をすると違和感が生まれてしまうため、やりすぎには注意しましょう。

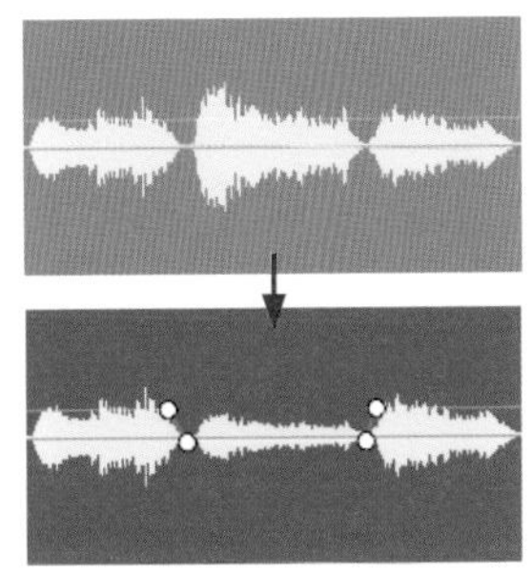

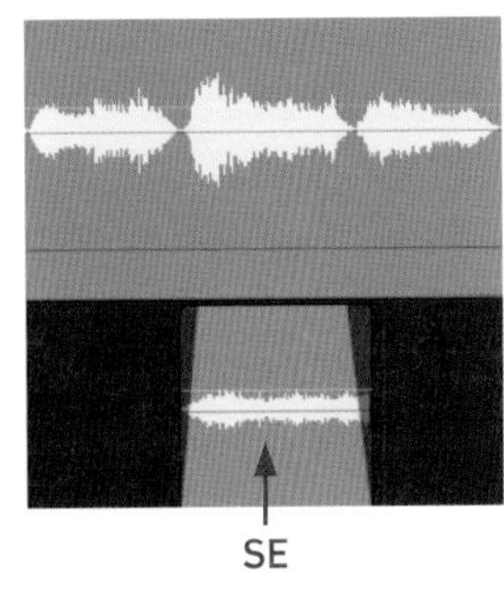

3. マスキング効果を使う

1・2の方法を使ってもノイズが改善されない場合、視聴者に届けたくない音がある箇所に、BGMやSEなどの別の音を重ねることで、ノイズを軽減することが可能です。

1・2の方法を使わずとも、マスキング効果によってうまくノイズが解消されることもありますので、都度最適な方法を用いるようにしてください。

日常にあるマスキング効果

マスキング効果は、みなさんが過ごす日常の中でもたくさん体験していると思います。普段聞こえてくる音に意識を働かせておくことで、動画編集の際に、よりリアルな世界を演出することに大いに役立ちます。

マスキング効果が使われている例をいくつかご紹介します。今後は日常の音にも意識を働かせてみてください。

店舗や飲食店

BGMやコーヒーマシンの音で、会話をマスキング

オフィス

BGMや空調の音で、会話をマスキング

病院

BGMで、受付で待つ人の会話をマスキング

エレベーター

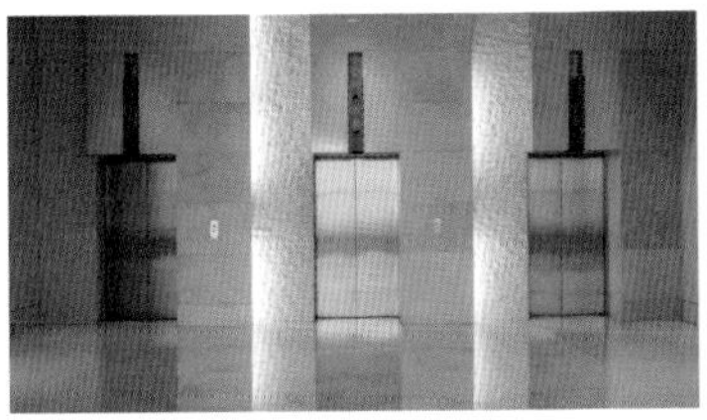

BGMで、風切り音をマスキング

建築現場

BGMで、機会音をマスキング

Lesson

4-11 効果音の必要性

121-1.mp4
121-2.mp4

BGMだけでなく効果音も併せて用いることで、さらに演出効果を加えることができます。意識的に効果音を取り入れてみましょう。

効果音の大切さ

前述したように音には人をリラックスさせたり、緊張感を与えたり、楽しい感情、悲しい感情に誘導する効果があります。また、効果音には動画の意味を強調する効果もあります。ここでの作例動画は大げさな例ですが、効果音がない動画とある動画では、迫力や意味合いが少し違って見えるはずです。動画にメリハリをつけるという意味でも上手く活用するようにしましょう。

効果音の考え方

効果音をつける際の考え方として、「階層に分けて考える」というものがあります。まずは一番聞かせたい、強調したい音から追加していき、徐々に階層を増やしていきます。映像の意味を強調するためにも、本来は人の耳では聞こえないような音（足音・ドア・風・心拍）を使用するのも効果的です。作例動画を観てみましょう。

A：効果音なし　B: 効果音あり

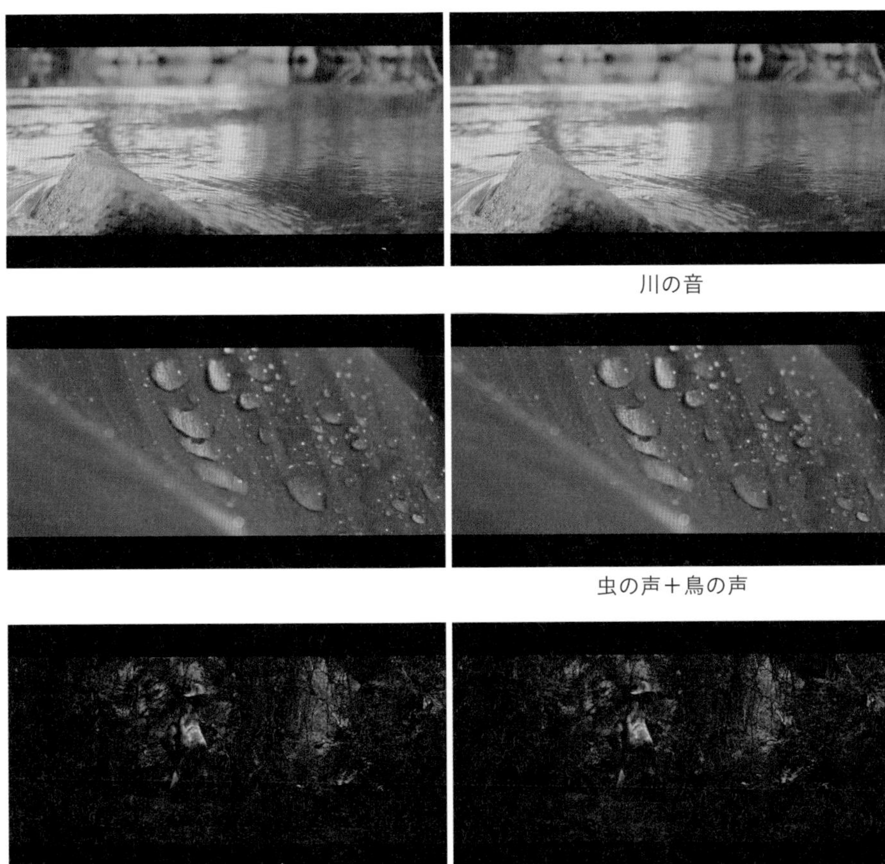

川の音
虫の声＋鳥の声
川の音＋水辺の足音

A・Bの解説

Bは効果音を階層に分けて考えて作成しました。まず自然の中にいることを強調するために一番聞かせたい「川の音」から追加し、「鳥の音」「虫の音」「足音」といったように、近くで聞こえる音と遠くで聞こえる音を分けて追加していきました。このように効果音に厚みを持たせることで、より動画に臨場感を与えることができるでしょう。

POINT

本来は聞こえない音

効果音ありの作例動画に「人が息を吐く音」を入れてみました。このように普通は耳で聞こえないような音も動画の意味を強調するのに役立ちます。映画やアニメなどでもよく使われる手法ですので、プロの映像でどのように効果音が使われているのかを意識してみるのもよいかもしれません。

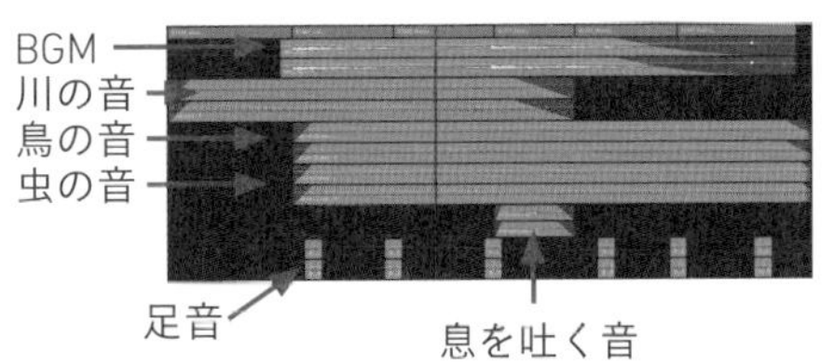

Lesson
4-12 BGMが動画のリズムを生む

BGMは動画全体のイメージ形成に役立つことを前述しましたが、動画のリズムを生むことにも役立ちます。ぜひ覚えておきましょう。

映像のテンポとBGMのテンポ

みなさんが編集する動画だけでなく、多くの動画にはBGMがついていると思います。映像のテンポとBGMのテンポはリンクしていることが望ましいです。

例えば、テンポの速い映像に対して、テンポの遅いBGMを組み合わせるよりも、テンポの速い映像には、テンポの速いBGMを組み合わせる方が、視聴者に違和感を与えることなく視聴してもらえるでしょう。

テンポの速い映像＆ BGM

テンポの遅い映像＆ BGM

BGMとカットつなぎ

映像とBGMのテンポを合わせるだけではなく、カットつなぎも同様にBGMに合わせると、良いリズムが生まれ、よりクオリティの高い動画になるでしょう。

実際に、BGMに合わせたカットつなぎをした場合と、そうでない場合の作例を用意しました。どのようなリズムの違いを感じるのかを体感してみてください。

作例動画の前半が、BGMのメインのリズム（表拍）に合わせてカットつなぎをしており、動画後半が、BGMのリズムとは少しズレたカットつなぎをしています。

一度見ただけでは、違いを感じられなかった方もいるかもしれません。動画のセンスをUPさせるのは、1フレーム単位での調節が大切ですので、身につけておきましょう。

POINT マーカーを打つ

BGM素材に、表拍子や裏拍子やサビに入るタイミングなどに応じたマーカーを打つと編集しやすいので、ぜひ試してみてください。

Lesson
4-13 人を惹きつける音の使い方①

音の大切さや効果などがわかってきたところで、より視聴者を惹きつける音の使い方やテクニックをご紹介していきます。

音量調節

みなさんも動画の音量を調節することはあると思いますが、「音の種類に応じた音量の調節」を意識したことはありますか。センスのいい動画編集をするには、音声・SE（効果音）・BGMごとに音量調節が必要です。目安となる音量を覚えておきましょう。

音の種類	目安の音量	備考
音声	-5dB ～ -15dB	動画全体の音声を平均して -10dB 程度、 最も大きな箇所でも -5dB 程度に収まるように調整するとよいです。
SE（効果音）	-5dB ～ -20dB	効果音の種類や目的に応じて異なるため、 目安の範囲が広いですが、 この範囲で調節することをおすすめします。
BGM	-20dB	まずは、 -20dB に設定してみて、 必要に応じて -25 ～ 30dB 程度を目安に再調整するとよいでしょう。

Jカット・Lカット

Jカット、Lカットとは、あるカットから別のカットへ切り替わる際に、音声と映像が異なるタイミングで移っていく分割編集のことです。シンプルな編集ではありますが、映像の連続性を表現する際にとても効果的です。

Jカットでは、映像が変わる前から次のカットのオーディオが再生され、Lカットでは、前のカットのオーディオが、次のカットに持ち越されて再生されます。作例動画と併せてご確認ください。

定期的な効果音

動画編集をする際は、効果音の間隔にも意識を働かせると、視聴者を退屈させない効果を発揮することもできます。

特に、映像に大きな変化がないようなトーク中心の場合、意図的に効果音を数秒に1回入れることで、長く観てもらえる可能性が上がると思います。有名なYouTuberの動画を見ると、5秒に1回くらいのペースで効果音が入っている場合があります。

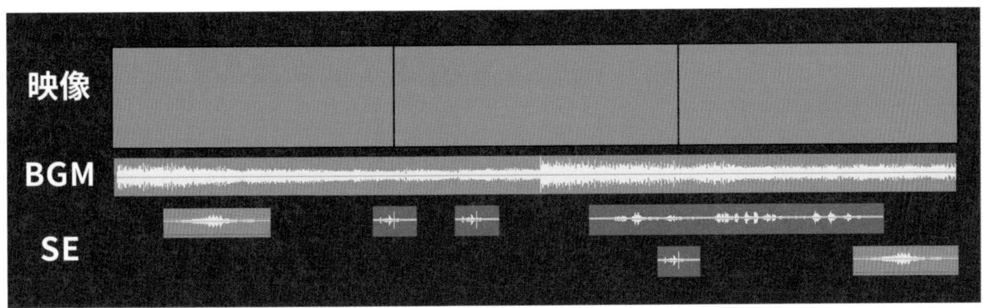

POINT

意図を明確に

定期的な音を入れることが必ずしも良いというわけではありません。視聴者に伝えたいことは何か？を考えた上で、それらを邪魔しない最適な音を加えるようにしてください。

Lesson

4-14 人を惹きつける音の使い方②

126-1.mp4
127-1.mp4

もう少し視聴者を惹きつける音の使い方・テクニックの具体例をご紹介します。まずはフェードイン・フェードアウトから。

フェードイン・フェードアウト

映像や照明などにも用いられますが、音楽の場合、フェードインは「音が段々と大きくなること」、フェードアウトは「音が段々と小さくなること」を意味します。

主な使い方としては、「滑らかな音の始まり・終わり・切り替わりの演出」や「ノイズの軽減」、「音の近づき・遠ざかりを表現」することなどに用いられます。

フェードイン（滑らかな音の始まり・音の近づきなどを表現）

フェードアウト（滑らかな音の終わり・音の遠ざかりを表現）

クロスフェード（滑らかな音の切り替わりを表現）

抑揚をつける

映像に変化が必要なように、音楽にも変化（抑揚）をつけることは大切です。また、映像と音楽の変化をリンクさせることで、より視聴者を惹きつけることに役立ちます。

下図のような「サビ」でテンポアップし、音量も大きくなるようなBGMを使用し、BGMのサビに合わせてカットつなぎのテンポもアップさせるなどが一例として挙げられるでしょう。

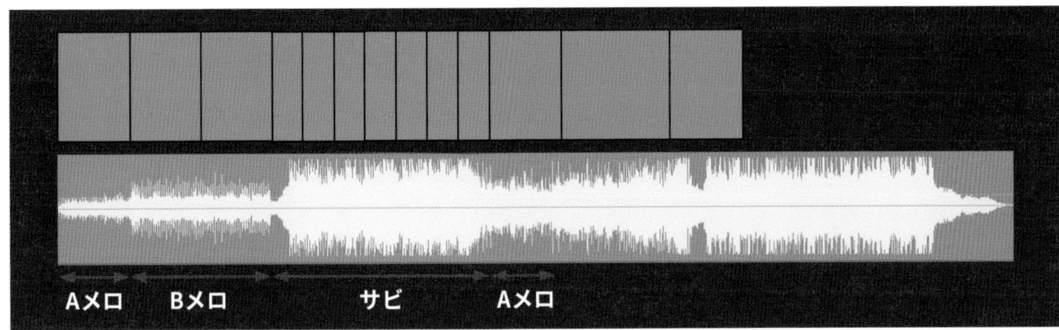

「Aメロ→Bメロ→サビ」で抑揚がついたBGMを使うだけでなく、別々のBGMを組み合わせてみるのもよいと思います。

アクションの省略

効果音をうまく組み合わせると、カットとカットの間のアクションや動作を省略することができ、間延びしたカットつなぎを回避することに役立ちます。

例えば、「バイクに乗る→エンジンをかける→エンジンがかかる→走り出す」といったシーンでは、エンジン音をカットとカットの間に入れることで、違和感が無く、テンポよくつながって見えるでしょう。

効果音　効果音

POINT

「無音」も音の一つ

人を惹きつける音の使い方をご紹介してきましたが、私たちは「無音」も音の一つと考えています。音を入れるばかりではなく、時には引き算をして「無音の音」をうまく取り入れることができると、よりセンスの良い動画になるはずです。

Lesson

4-15 おすすめ音源サイト（有料）

Lesson 4では、動画編集における「音の大切さ」をご紹介してきました。最後に私たちがおすすめする音源サイトをいくつかご紹介していきます。

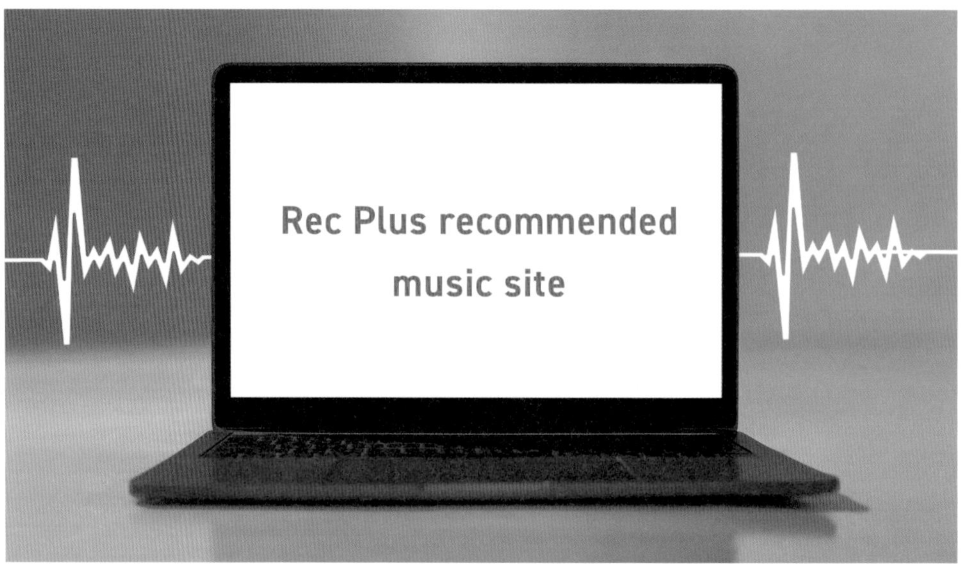

有料サイト>無料サイト

本格的に動画編集を行っている方はもちろんですが、趣味の範囲や、興味がある程度の方にとっても、音源サイトは無料のものではなく有料のものをおすすめします。

代表的な理由としては、「①クオリティが高い音楽が豊富」「②ライセンスの範囲が広く明確なものが多い」という点です。

①クオリティが高い音楽が豊富ということは、仕事としての動画編集に役立つことはもちろんですが、クオリティの高い音を使って動画編集をすると、より動画編集が楽しく・好きになれると私たちは考えています。

②ライセンスの範囲が広く明確なものが多いということは、万が一の際のトラブル防止だけでなく、後から「やっぱりSNSで発信してみようかな」と思った際に、再編集することなく情報発信できるため、動画編集にハマるきっかけを残しておくことに役立つと考えています。

Artlist

https://bit.ly/recplus_artlist
※上記 URL から登録すると通常 12 ヶ月契約が 14 ヶ月に延長になります。

サービス概要	お気に入り・すすめポイント
無制限ダウンロード可能な、サブスクリプション型のロイヤリティフリー音源素材サイト 4つの料金プラン ・Social Creator：$119/年（$14/月） ・Creator Pro：$299/年（Music+SFX） $199/年（Musicのみ） $149/年（SFXのみ） ・Team：$338/年～（人数によって可変） ・Enterprise：要お問合せ（大企業向け） ※変更される可能性があります ※小数点以下切り捨て プランによって、利用できる範囲・条件や、ダウンロードできる音源（Music・SFX）に違いがあります。	**1. 高品質な音源素材が豊富** 日本語の音楽は数少ないですが、Music・SFX（効果音）ともに、高品質の素材が豊富 **2. ライセンスがシンプルで自由度が高い** プランによって少し違いはありますが、音源素材の利用可能範囲が広く、ロイヤリティフリーで商用利用可能で、条件も明確でわかりやすい ※暴力を表現する映像など、一部例外あり **3. 検索しやすく好みの音源を見つけやすい** 日本語には対応していないものの、ムード・ビデオテーマ・ジャンル・楽器ボーカルの有無・BPMなどの絞り込み機能がとても豊富

SOUNDRAW

https://soundraw.io/ja

サービス概要	お気に入り・おすすめポイント
無制限ダウンロード可能な、サブスクリプション型のロイヤリティフリー「AI作曲」サイト 2つの料金プラン ・年間プラン：¥1,650/月（¥19,800/年） ・月額プラン：¥1,900/月 ※変更される可能性があります ※税込価格 どちらのプランであっても、1アカウントのみ使用可能で、クレジットカード決済が必要ですが、利用条件に違いはありません。	**1. 誰でも簡単に作曲可能** 音楽の知識がなくとも、数クリックするだけで、AIが作曲をしてくれるうえに、自分好みのアレンジも簡単 **2. ライセンスがシンプルで自由度が高い** サイトが日本語に対応しているため、ライセンスが明確でわかりやすく、商用利用も可能 ※暴力を表現する映像など、一部例外あり **3. 映像に合う音楽が作れる** 映像に合う音楽を「探す」のではなく、映像に合う音楽を「作る」ことが可能

Lesson

4-16 おすすめ音源サイト（無料）

次に、無料で使えるおすすめ音源サイトをご紹介します。無料ではありますが、利用条件などに注意しながら活用してみてください。

効果音ラボ

https://soundeffect-lab.info/

概要
ロイヤリティフリー効果音サイト 言わずと知れたYouTube効果音の名所とも言える、効果音サイトです。 言語：日本語　会員登録：不要　クレジット表記：条件なし YouTubeで聞いたことがある高品質な効果音が豊富に揃っていますので、 まずはこのサイトで効果音を探してみるのがよいと思います。

Freesound

https://freesound.org/

概要
ロイヤリティフリー音源サイト 多様な音源が登録されているウェブサイトです。 言語：英語　会員登録：必要（無料）　クレジット表記：条件あり サイトが日本語に対応していませんが、 英語検索すると、かなり豊富な音源がヒットしますので、 お探しの音源が見つかると思います。 ※全ての音源がロイヤリティフリーというわけではありませんので、 ご利用の際は、利用条件などをご確認の上ご利用ください。

魔王魂

https://maou.audio/

概要
森田交一さんの曲が無料ダウンロードできるWEBサービス BGM・効果音・歌もの・旧ゲーム音楽など、豊富な音源素材が ダウンロードできるサイトです。 言語：日本語　会員登録：不要　クレジット表記：条件あり サイトが日本語で、利用時のルールについても とてもわかりやすく記載されているため、 初めての方でも安心して利用できると思います。

DOVA-SYNDROME

https://dova-s.jp/

概要
フリーのBGM・音楽素材配布サイト フリーのBGM・音楽素材を、MP3形式でダウンロードできるサイトです。 言語：日本語　会員登録：不要　クレジット表記：条件なし かなり豊富な音源素材がダウンロード可能なだけでなく、 サイトが日本語で、FAQの情報も豊富であるため、 初めての方でも安心して利用できると思います。

・注意

繰り返しになりますが、仕事として動画編集される方にとっても、趣味で動画編集される方にとっても、音源素材は有料サイトを利用することをおすすめします。

利用条件・規約などの確認は、有料サイトでも確認する必要はありますが、無料サイトを利用する場合は特に注意してご利用ください。

COLUMN

動画を人に例える

Leeson 4では、音の大切さから始まり、音がもたらす4つの効果、人を惹きつける音の使い方などをご紹介してきました。動画の「音」に関する意識や興味の持ち方に変化はありましたでしょうか。

私たち自身、P.101でご紹介したジョージ・ルーカスの言葉に強く影響を受けて以来、「映像体験の半分は音でできている」ということを意識するようになりましたので、みなさんにとってもプラスの影響があれば幸いです。

さて、話は変わりますが、一つの動画を「人」に例えると、動画の「BGM」は「ファッション」、「効果音」は「アクセサリー」という表現もできると考えています。

BGMが動画全体のイメージや雰囲気を作ったり、効果音が動画にアクセントや個性を加えるため、このような表現も可能でしょう。

Lesson 5

「色」で センスを磨く

Lesson

5-1 色の大切さ

135-1.mp4 135-4.mp4
135-2.mp4 135-5.mp4
135-3.mp4 135-6.mp4

動画は色によっても大きく印象が異なります。目的や、自分の中でのイメージを決めてから、色編集に取りかかるようにしましょう。

色の大切さ

動画において色は非常に大切な要素です。右ページの例のように、同じ動画でも色が変わるだけで視聴者が受けるイメージは大きく異なります。また後述するように、色のイメージや特性を上手く利用することで動画の意味を強調することもできます。ここでも何となく編集するのではなく、考えをもって編集することでクオリティを上げることができるはずです。

目的を考える

色を編集する際には、目的に応じて「どうしたいのか」を考える必要があります。「かっこよくしたい」「きれいにしたい」「映画っぽくしたい」など曖昧な目的でもよいでしょう。仕上がりのイメージやテーマを決めることで動画全体に統一感が生まれ、クオリティの向上にもつながります。

正しい色とは?

A

B

C

D

E

F

みなさんは上記の例でどの動画の色が正しいと思いますか?

結論から言うと、どれも正しい色だと思います。なぜかというと私たちは、「正しい色」はその目的やイメージ・記憶に依存すると考えているからです。たとえディスプレイに表示したとしても、ディスプレイごとに微妙に発色が異なる場合もあります。つまりデジタルの世界における「正しい色」はとても曖昧なものです。

このことからも、「どのような動画にしたいのか」という仕上がりをイメージする事の大切さがわかると思います。

Lesson

5-2 デジタルの色

5-1で色をイメージすることの大切さをご紹介しました。この章ではさらに詳細に、デジタルにおける色について考えていきましょう。

記憶色

デジタルの色を考える前に「記憶色」について知っておきましょう。「記憶色」とは、人がイメージして記憶した色のことです。下の例のように「赤いりんご」でも、思い浮かべる赤色が人によって少しずつ違うと思います。このように実際の正確な色とは違う場合があり、これを「記憶色」と呼びます。

デジタルの色

動画編集における色は、多くの場合「記憶色」との比較で調整していくことが多いです。そのため色を編集する際に違和感を感じたとしても、実際の色と比較するのではなく、記憶の中と比較して調整をしていくことが多いでしょう。つまりイメージして記憶した色（記憶色）と、デバイスで映し出された色との相違を調整する作業が、色編集と言えます。

記憶色と忠実色

動画の色編集では「記憶色」が比較対象だとご紹介しましたが、素材によっては被写体の忠実な色（忠実色）を意識しなければならない場合があります。例えば「空が青い」や「海が青い」など、世の中には固定した色のイメージが存在するものもあります。その忠実な色から乖離しすぎると違和感を与える可能性があるため、ある程度の「忠実色」と、自分がイメージする「記憶色」を考えて編集していく必要があります。

忠実色からかけ離れた例

記憶色と忠実色のバランス例

Lesson

5-3 色を知る

色にはいくつかの表現方法がありますが、代表的なのが「色の3要素」です。これは5-2で学んだ忠実色などの「感覚ではない色」を表現する指標として使われます。

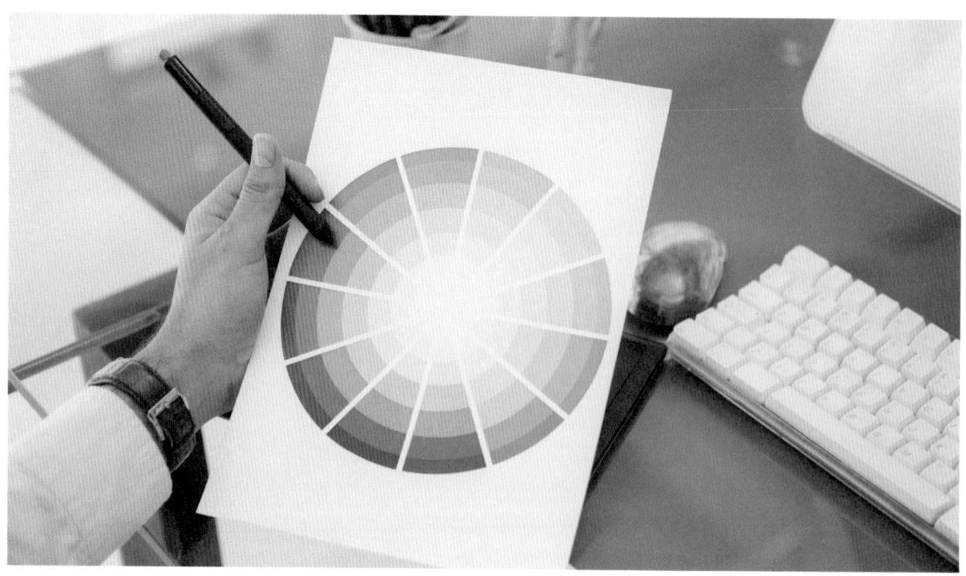

色相

色の3要素1つ目は「色相」です。これは赤・青・緑・黄などの色の変化・色合いのことです。上記画像のように色相を円の上に配置したものを「色相環」と呼び、隣り合っていたり近くにある色のことを「類似色相」、180度反対の位置にある色のことを「補色」と呼びます。

補色

色相環で向かい合う「補色」は、うまく活用することで良いアクセントになります。例えば赤と青緑、オレンジと青、黄色と紫などは、お互いを引き立て合う効果があり、絵画の配色でもよく用いられています。それぞれの色の補色や色相環は調べると見つけることができるので、色を考える際は、補色関係をイメージして意図的に活用していきましょう。

明度

色の3要素2つ目は「明度」です。これは、色の明るさを表すものです。より白に近い色は明るい色（高明度）、より黒に近い色は暗い色（低明度）で、この違いを明度で表します。光そのものの明るさを表現するときは「輝度（きど）」という表現を使うこともあります。

明度のイメージ

明度の高い色は軽快な印象を与え、明度の低い色は落ち着いた印象を与えます。これは色のイメージを考える時に役立ち、例えば同じ赤でも白に近いピンクのような赤は爽やかなイメージ、黒に近いあずき色のような赤は落ち着きのあるイメージを与えます。

彩度

色の3要素3つ目は「彩度」です。これは、色の鮮やかさの度合いのことです。彩度が高いことを高彩度と呼び、鮮やかで鮮明な色になり、彩度が低いことを低彩度と呼び、灰色のようなくすんだ色になります。

彩度のイメージ

彩度の高い色は派手・華やかな印象を与え、彩度の低い色は地味・おだやかな印象を与えます。また灰色や黒、白には彩度の違いはありません。この3つの色は「無彩色」と呼ばれ、無彩色以外の色は「有彩色」と呼ばれます。

Lesson

5-4 色がもつイメージ：明度差

色を使いこなすには、色がもつイメージや特性を考える必要があります。まずは明度の差による特徴とイメージをご紹介します。

明度の差

強調したい被写体や文字がある場合、明度の差を活かすことで効果的に強弱をつけることができます。明度差が大きい方が見やすくなりますが、逆にあえて差を縮めることで主張を弱める場合もあります。動画においても、明度の強弱と特徴を頭に入れて活用してみましょう。

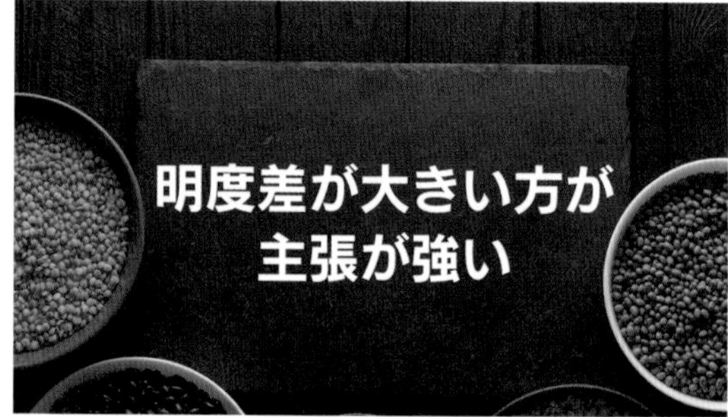

明度差が持つイメージ①

明度差が持つ特徴の1つ目として「膨張色」と「収縮色」が挙げられます。高明度な色はふくらみ、低明度の色は縮んで見えます。この特徴はファッションでもよく活用されており、膨張色を取り入れることで痩せ型や低身長をカバーしたり、細く見せたい場合に収縮色を取り入れたりします。

膨張色

収縮色

明度差が持つイメージ②

明度差が持つ特徴の2つ目として「色の重さ」が挙げられます。明度が高い方が軽く、低い方が重く感じられます。段ボールは茶色のイメージがあると思いますが、引越し業者さんのダンボールは白色の段ボールが多い印象がありませんか？ これは、色の重さの特徴を上手く利用している例です。

軽い色

重い色

Lesson

5-5 色がもつイメージ：暖色と寒色

次に「暖色と寒色」についてご紹介します。機能的な使い方や違いを知っておくことで活かせる場面が多いので、ぜひ覚えておきましょう。

暖色と寒色

「暖色」とは、赤・オレンジ・黄などのように視覚的に暖かみのある色を指し、「寒色」とは青・青緑・青紫などの視覚的に冷たさを感じさせる色のことです。また、どちらにも該当しない黄緑・緑・紫などを「中性色」と呼びます。

注目させる色

暖色系で彩度が高い色は注目されやすく、寒色系で彩度の低い色は目立ちにくいという特徴があります。この特徴は地図や道路の標識にも応用されており、「禁止」などを表す標識は赤（高彩度の暖色）で表現されていることが多いです。これを活用することで強調度や注目度をコントロールすることができます。

暖色と寒色の特徴①

暖色と寒色が持つ特徴の1つ目として「進出色」と「後退色」というものが挙げられます。暖色系は手前に迫ってくるように見え、寒色系は遠くにあるように見える性質があります。これらの色で遠近感の差を作ることができ、主張したい色と落ち着かせたい色を分けることもできます。これはインテリアでもよく活用されていて、寒色系のインテリアは部屋を広く見せてくれます。

進出色

後退色

暖色と寒色の特徴②

暖色と寒色が持つ特徴の2つ目としてご紹介したいのは、それぞれが持つイメージについてです。暖かさや派手さ、冷静、誠実などのイメージも色で表すことができます。暖色系は暖かさや高揚感、寒色系は冷静さや地味さなどを表すことができます。また、色の種類が多く高彩度なほど騒がしく、色の種類が少なく低彩度なほど静かに感じられます。

暖色(暖かさ・派手さ・高揚感)

寒色(冷静・誠実・静かな)

Lesson

5-6 色がもつイメージ：具体例

色が持つイメージの最後として、各色のイメージを具体例とともにご紹介していきます。色選びの参考にしてみてください。

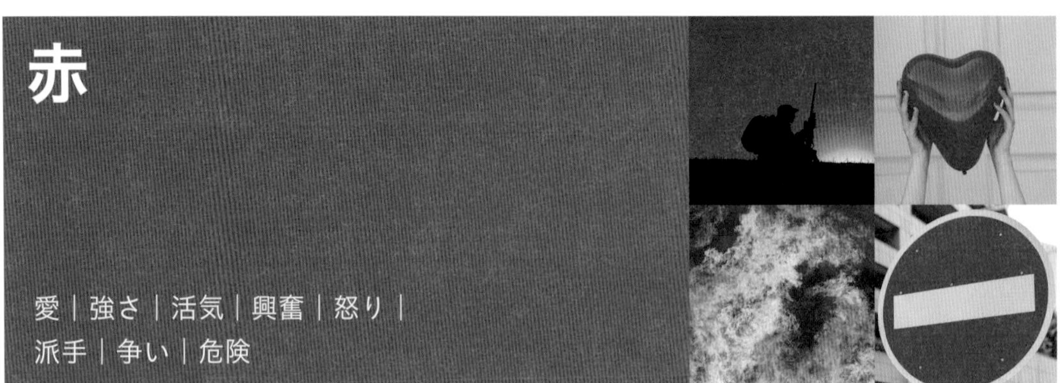

赤

愛｜強さ｜活気｜興奮｜怒り｜
派手｜争い｜危険

オレンジ

活発｜温もり｜楽しさ｜陽気｜
元気｜活力｜フレッシュ

黄

明るい｜華やか｜のどか｜希望｜
若さ｜奇抜｜緊張｜注意

緑

自然｜やすらぎ｜安全｜回復
爽やか｜平和｜苦味｜未熟

青

クリア｜開放的｜清潔｜誠実
落ち着き｜不安｜憂鬱｜冷酷

紫

上品｜高級｜神秘｜伝統
繊細｜欲｜孤独｜不吉

茶

温もり｜安らぎ｜安心｜重厚
素朴｜頑固｜退屈｜陰気

Lesson

5-7 色の基本編集：明度

色編集の基本として、まずは「明るさの調整」を学んでいきましょう。さまざまな編集方法がありますが、中でも「トーンカーブ」と呼ばれる機能を使うのがおすすめです。

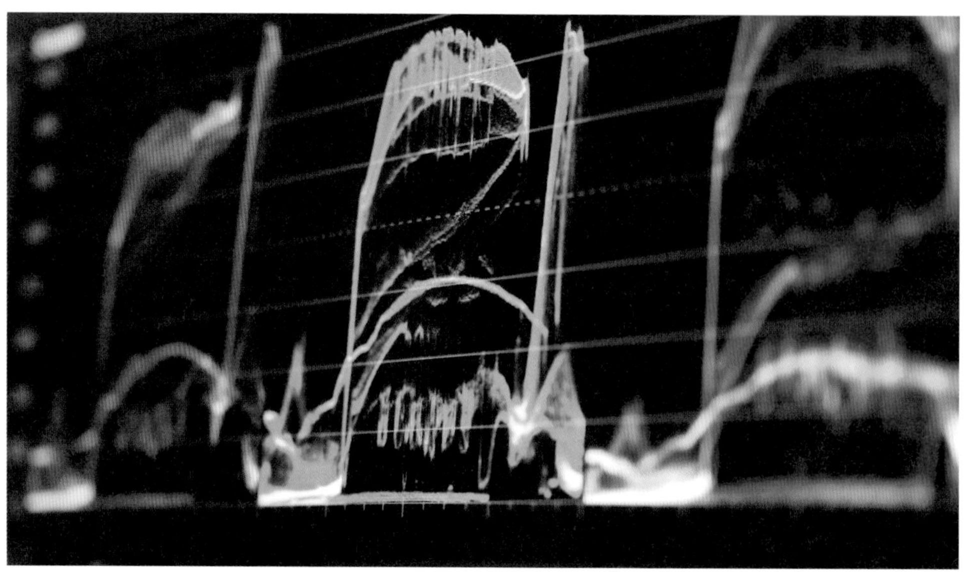

色編集の順番

色編集の基本は、5-3で学んだ「色の3要素」の調整です。3要素の編集を始める際に、どこから編集するか迷う人がいるかもしれません。結論から言うと、色編集における明確な順番はないと考えています。順番よりも違和感を感じた部分や、イメージに従った編集を行ったほうが迷いがなくなると思うからです。近年の編集ソフトは編集の順序を入れ替えても再調整できるので、どんどん試行錯誤していきましょう。

明暗の調整

ここでは明暗の調整方法のなかで代表的な機能「トーンカーブ」をご紹介します。このトーンカーブは多くの編集ソフトに搭載されており、非常に自由度が高い機能として有名です。これからご紹介するように、暗い部分と明るい部分をレベル別に補正できるのが特徴です。

トーンカーブの操作

トーンカーブはグラフの左下と右上を結ぶ線で、この線を操作することで明るさやコントラストを補正することができます。また、このグラフの右上の領域で動画の明るい部分、真ん中の領域で動画の明るさの中間部分、左下の領域で動画の暗い部分をそれぞれ調整できます。

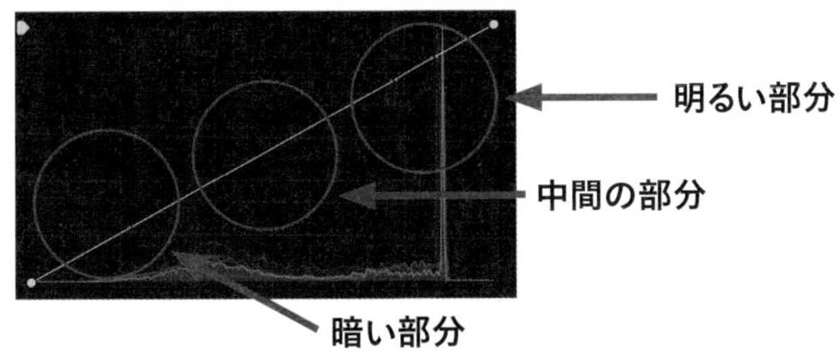

基本的な使い方①

トーンカーブを動かすには点を打つ必要があり、この点をコントロールポイントと呼びます。調整したい領域をクリックしてコントロールポイントを作り、動かすのが基本操作です。

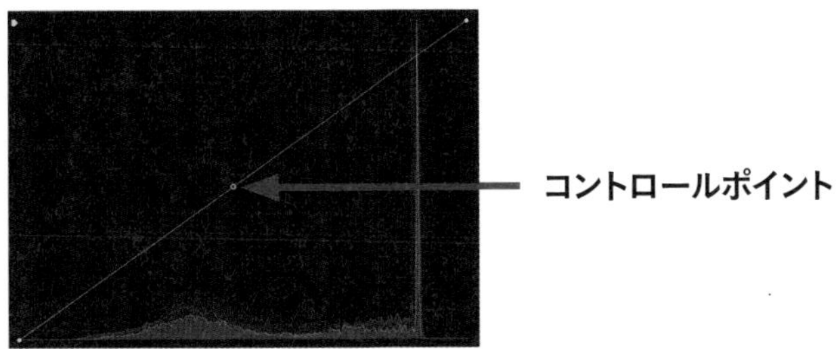

基本的な使い方②

トーンカーブは基本的にコントロールポイントを上下に動かして調整します。各領域を明るくするにはコントロールポイントをドラッグして上に引き上げます。反対に暗くしたい場合はコントロールポイントをドラッグして下に引き下げます。また複数のコントロールポイントを打って調整することもあります。

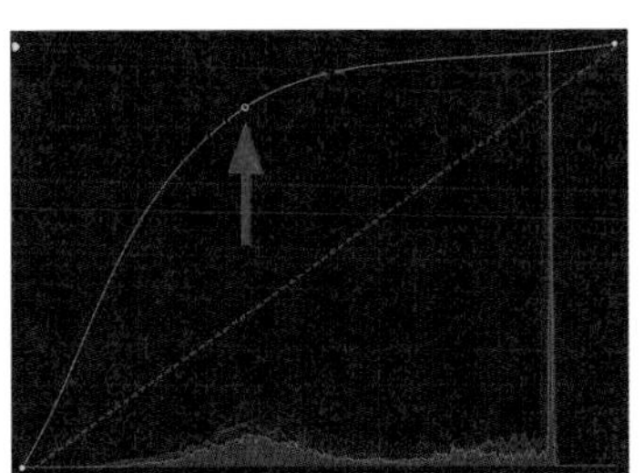

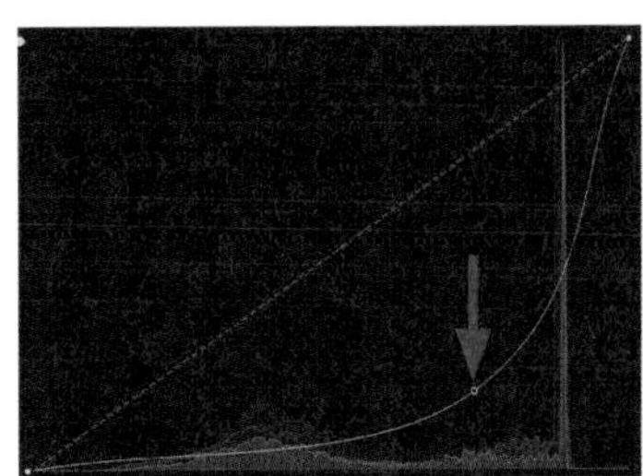

Lesson

5-8 明度とコントラスト

次に明度とコントラストの関係についてご紹介します。コントラストは動画の雰囲気を決める大きな要素の一つです。

ハイキーとローキー

動画の明るさを評価する用語に「ハイキー」と「ローキー」という言葉があります。「キー」とは動画の平均的な明るさを指し、その動画の雰囲気を決める大きな要素となります。「ハイキー」とは、通常は暗く写る部分だけを残して、意図的に明るくした動画のことで、「ローキー」とは、通常は明るく写る部分だけを残して、意図的に暗くしてしまうような動画のことです。

ハイキー

ローキー

コントラスト

コントラストとは動画の最も明るい部分と暗い部分の差のことを言います。コントラストが高くなればなるほど暗い部分は暗く、明るい部分は明るくメリハリのある表現になり、コントラストが低くなると明暗の差が縮まり柔らかい印象を与えます。

5-7でトーンカーブを使って明暗を調整することを学びましたが、トーンカーブは明暗を調整するとコントラストも変化する特徴があります。右上がり直線の角度が急になるとコントラストが強まり、角度が緩やかになるとコントラストが弱まります。

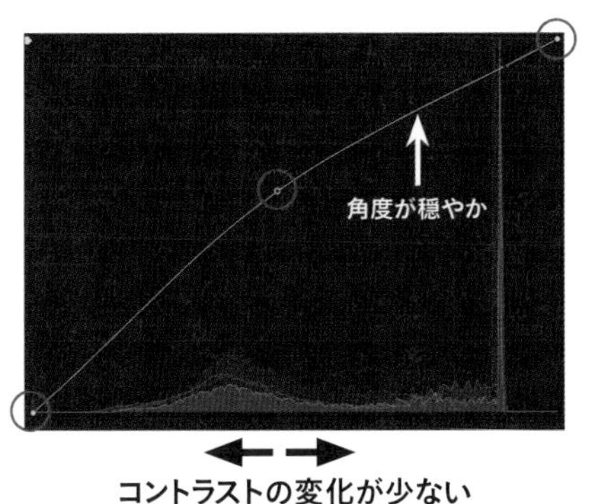

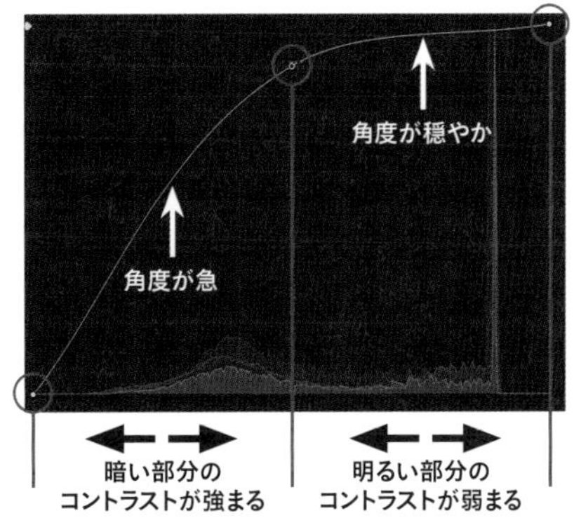

明度とコントラストのイメージ

明度（キー）とコントラストの度合いによって動画のイメージは大きく変わります。それぞれのイメージを下の表にまとめてみました。

これはあくまで個人的な経験をふまえた一例にはなりますが、明度（キー）とコントラストは動画の雰囲気を決める重要な要素であり、それらを一気に調整するトーンカーブは、非常に奥が深い調整方法でもあります。

		明度（キー）		
		低い（ロー）	中間（ミッド）	高い（ハイ）
コントラスト	低い（ロー）	不安、憂鬱	和やか、温い	上品、穏やか
	中間（ミッド）	大人、ゆとり	バランス、無難	柔らかい、まったり
	高い（ハイ）	重い、真面目	幸運、喜び	元気、楽しい

Lesson

5-9 トーンカーブのパターン例

トーンカーブは直感的ではあるものの、非常に奥が深い調整機能です。ここでは使用頻度の高そうなパターン例をいくつかご紹介します。まずは基本例を参考にしつつ、素材に応じて調整していきましょう。

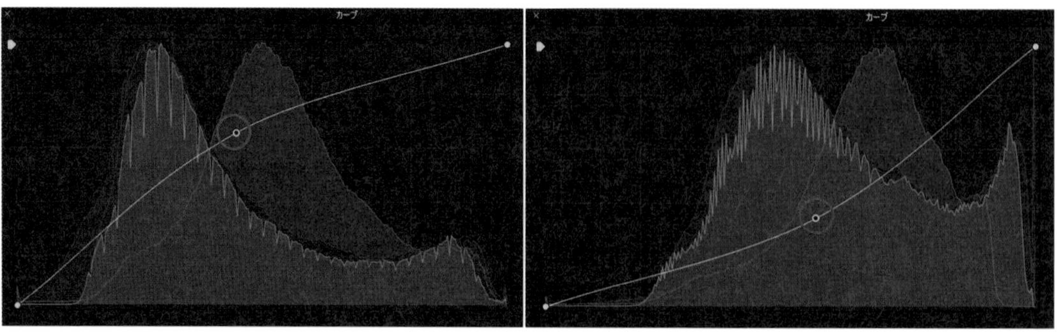

明るく　　**暗く**

中央にコントロールポイントを作り、上げると明るく、下げると暗くなる

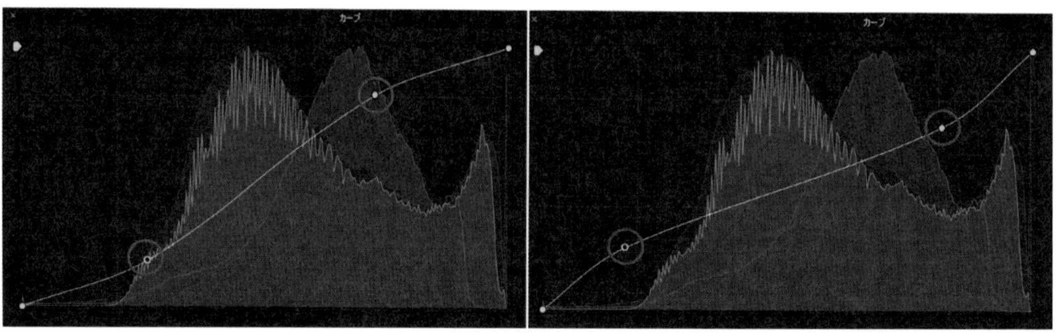

コントラストを強める　　**コントラストを弱める**

2箇所ほどコントロールポイントを作り、両端を上下逆に動かす。
ポイント間の角度が急だとコントラストが強まる

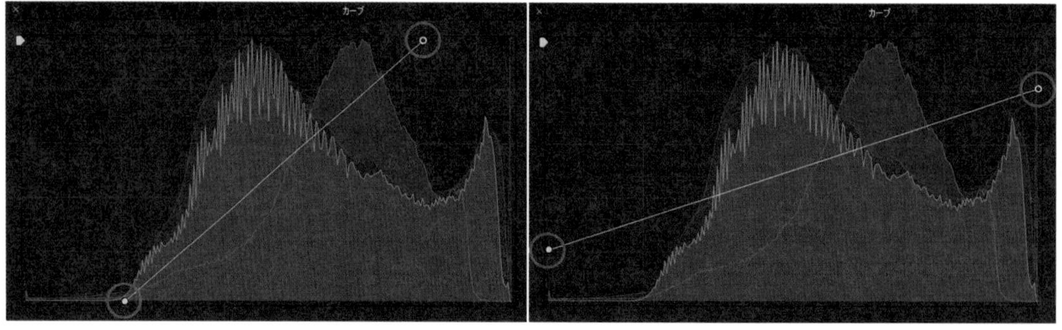

ハイコントラスト　　**ローコントラスト**

直線のまま調整し、直線の傾きが90°に近づくと
かなり強いコントラスト、直線の傾きが0°に近づくと弱いコントラストになる

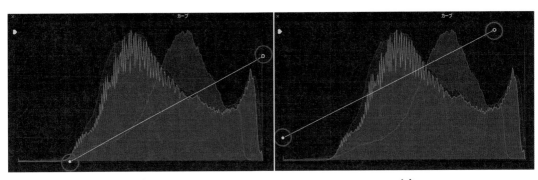

ローキー　　　　**ハイキー**

直線のまま調整し、明るい領域（右上）を下げると全体的に暗くでき、
暗い領域（左下）を上げると全体的に明るく表現できる

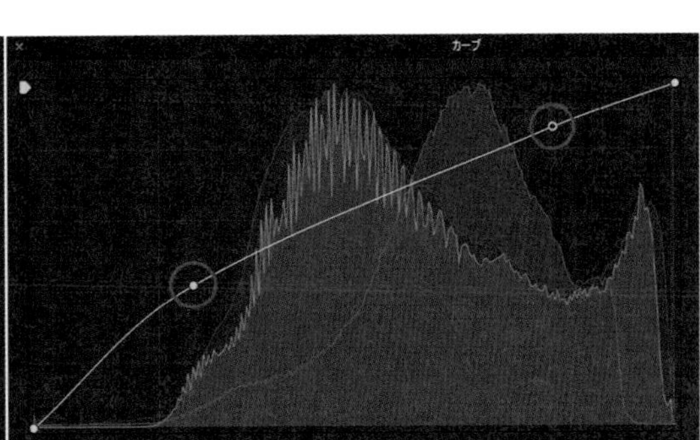

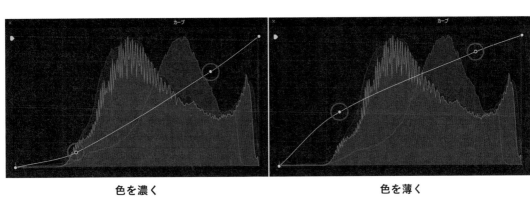

色を濃く　　　　**色を薄く**

暗い領域（左下）と明るい領域（右上）2 箇所にポイントを作り、
2 箇所のポイントを下げると色を濃く、上げると軽快な色になる

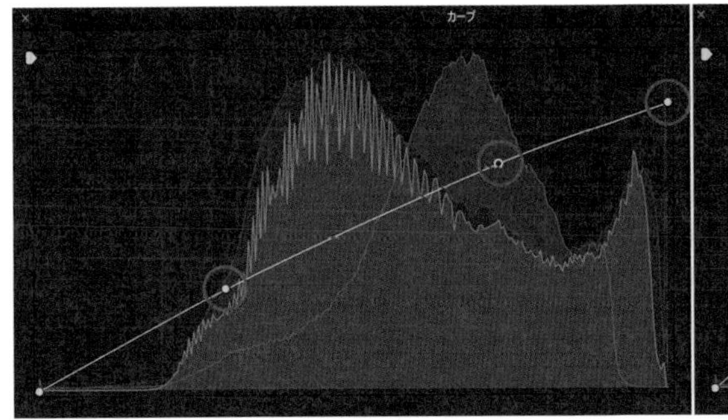

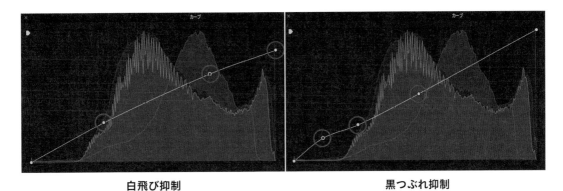

白飛び抑制　　　　**黒つぶれ抑制**

明るい領域（右上）を下げると白飛びを抑制でき、暗い領域（左下）を上げると
黒つぶれを抑制できる。3 つほどポイントを打つことで、一部分のみの調整が可能

Lesson

5-10 色の基本編集：色温度

次に色編集の基本として「色温度」を学んでいきましょう。色温度を調整することで、動画全体のトーンを決めることができます。

色温度とは

色温度とは、「自然光や人工的な光が発する色」を表すための尺度のことです。単位はケルビン（K）で表し、色温度が上がっていくにつれ「赤→黄→白→青白→青」へと色が変化していきます。これは、人間の感覚的な色のイメージとは逆で、赤みを帯びているほど色温度は低く、青みを帯びているほど色温度は高くなります。

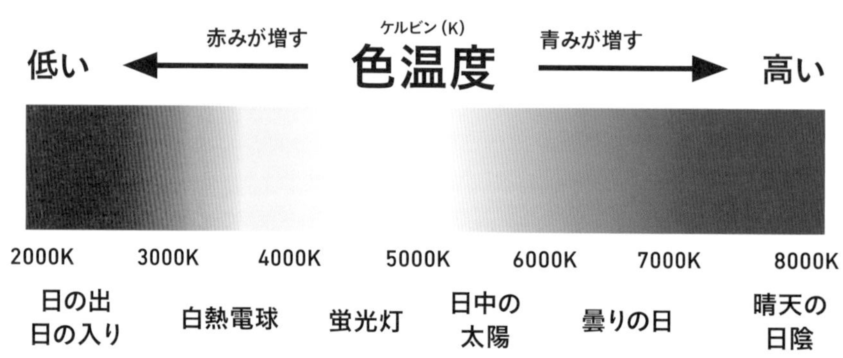

色温度の調整

色温度の調整は、前述した光のルールに従って調整するため、破綻の少ない色に調整しやすい特徴があります。しかし、赤っぽい色と青っぽい色を調整する色温度だけでは、カメラセンサー特有の色かぶりやLED、蛍光灯の照明を使った時に出る緑〜紫の色味を修正できません。そのため、色かぶり補正（ティント）を使って、緑とマゼンタの間を行き来するパラメーターを併せて調整することが多いです。

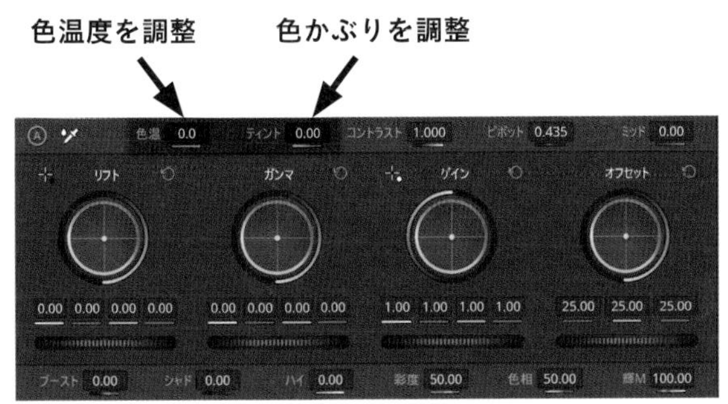

色温度の調整のコツ

色温度は「白が白く見える」ように調整していくのが基本とされていますが、前述したように破綻の少ない色彩にまとまりやすいため、色を演出したい場合は積極的に調整していきましょう。調整のコツとして、「数値を直感で動かし、意図した色調になれば止める」という方法がおすすめです。

はじめは大胆に数値を動かし、色を見ながら徐々に自分の理想に近づけていくと、イメージに合った色に落ち着かせることができるでしょう。

POINT

数値に頼らない

厳密には数値を目安にしたりする方法もありますが、はじめのうちは自分の目で調整することも大事だと思います（そのほうが楽しい）。

Lesson

5-11 色の基本編集：彩度

155-1.mp4
155-2.mp4

次に色編集の基本として「彩度」を学んでいきましょう。彩度は他の編集項目に比べて注意点も多いため、少し意識しつつ編集しましょう。

彩度の調整

鮮やかさを調整する機能は一般的に「彩度」と呼ばれています。彩度を高く調整することで動画の色を鮮やかにすることができ、逆に彩度を低くすることで動画のトーンを落ち着かせたり、モノトーンにすることができます。下記の例のように自分のイメージに合わせて全体の雰囲気をガラリと変えることができるため、積極的に使っていきましょう。

低彩度 ← 元状態 → 高彩度

彩度の注意点

彩度の調整は他の項目と同様、スライダーで簡単に調整でき、雰囲気をガラリと変えられるため、つい手軽に使いたくなる機能です。しかし、クオリティを上げるには少し注意をしながら編集していく必要があり、気を使いだすと非常に難しい項目です。

例えば下記の黄色の円で示したように、彩度を上げた際、色の変わり目に不自然な境界が生じることがあったり、ノイズが目立ってしまうことがあります。彩度を調整する際は動画全体の境界線などの違和感に注意して、慎重に行うようにしましょう。

元状態

過度な調整例

彩度調整のコツ

コツとして、彩度の調整は最後の方に行うのがよいと考えています。その理由として、彩度はこれまで学んだ「明度」や「色温度」などによっても変化するからです。先に彩度を編集してしまうことで、注意点で触れた違和感やノイズを目立たせてしまったり、全体のトーンの迷走を生じさせる原因にもなります。

まずは5-9で触れた「色を薄くする・濃くする」トーンカーブを活用しながら彩度を調整することで、意図した色に仕上げやすくなると思います。

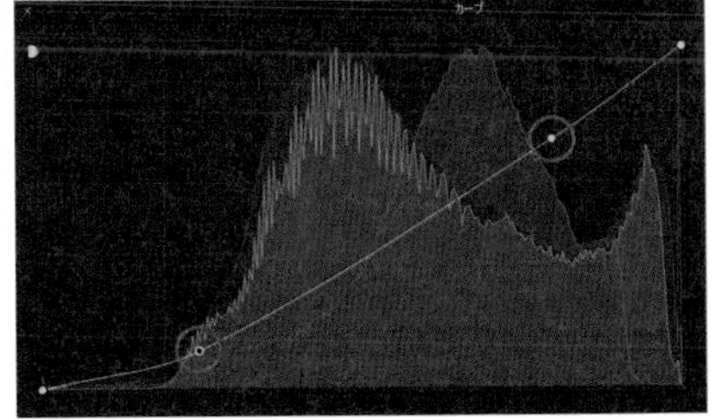

濃い彩度の調整例

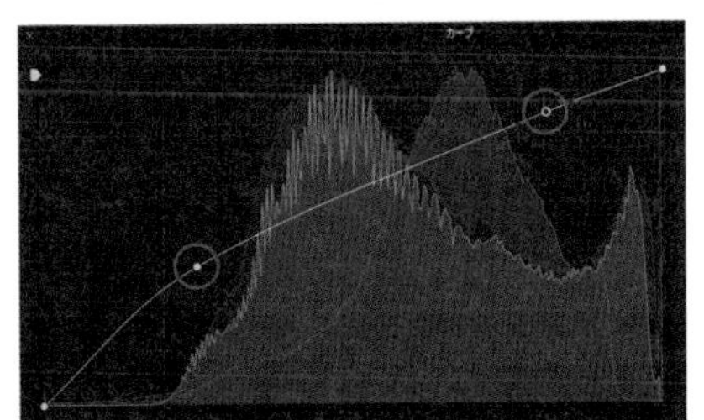

軽い彩度の調整例

Lesson

5-12 色編集の考え方

157-1.mp4
157-2.mp4

ここでは動画の色を編集する際の工程や基本的な考え方をご紹介します。これまで学んだ基礎知識を活かしつつ、自分のイメージに近づけていきましょう。

カラーコレクション

カラーコレクションとは、色編集において最初に行う工程です。プライマリーやノーマライズといった呼ばれ方もしますが、「自然な色に補正すること」が目的です。また最近ではミラーレスカメラにも搭載されつつある「LOG／RAW」といった形式の素材を補正するのも、このカラーコレクションの役割です。この作業を怠ってしまうと後から上手く色を演出できなかったり、動画全体の色味やトーンの統一感に欠けてしまう恐れがあります。

カラーグレーディング

カラーグレーディングとは、動画全体を「自分のイメージや目的に応じて演出する」工程です。セカンダリーといった呼ばれ方もしますが、動画のトーンや雰囲気を最大限に表現することが目的です。動画全体の色彩や印象を変えることができ、近年SNSで話題の「シネマティックVlog」などは、このカラーグレーディングを用いて映画っぽい色を演出している例が多く見受けられます。しかし、このカラーグレーディングは正解がないアートのようなものなので、難しくもあり、楽しい工程でもあります。

カラーコレクションとカラーグレーディング

カラーコレクションとカラーグレーディングは同じ意味に使われることがありますが、厳密には異なります。色編集の工程としては最初にカラーコレクションを行い、実際の色合いや記憶色にもとづいて補正し、そこからカラーグレーディングで動画全体を自分のスタイルやイメージに合わせて演出していきます。作例動画のような段階ごとに編集するイメージを持っておくと、迷いがなくなると思います。

元素材
（少し露出オーバー）

カラーコレクション
（露出など補正）

カラーグレーディング
（空の色などを演出）

動画を演出しよう

カラーグレーディングは動画を演出できる非常に楽しい工程です。自分の伝えたいイメージや世界観を表現するのもよいですし、好きな映画や好きなクリエーターの色を参考にするのも面白いと思います。また、5-3で学んだ補色を利用した「ティール＆オレンジ」（人の肌をオレンジ、背景を補色であるティールで演出する方法）など、色のコントラストで演出する方法も映画などで使われたりします。同じ素材でも色が違えば与える印象が変わるため、ぜひ自分の表現したい世界観を演出してみましょう。

同じシーンでも色が違うと印象が変わる例

Lesson

5-13 LUTの基本

158-1.mp4
159-1.mp4

動画の色編集に便利なLUTの基本についてご紹介します。LUTは便利な半面、気をつけないといけない点もあるので注意しましょう。

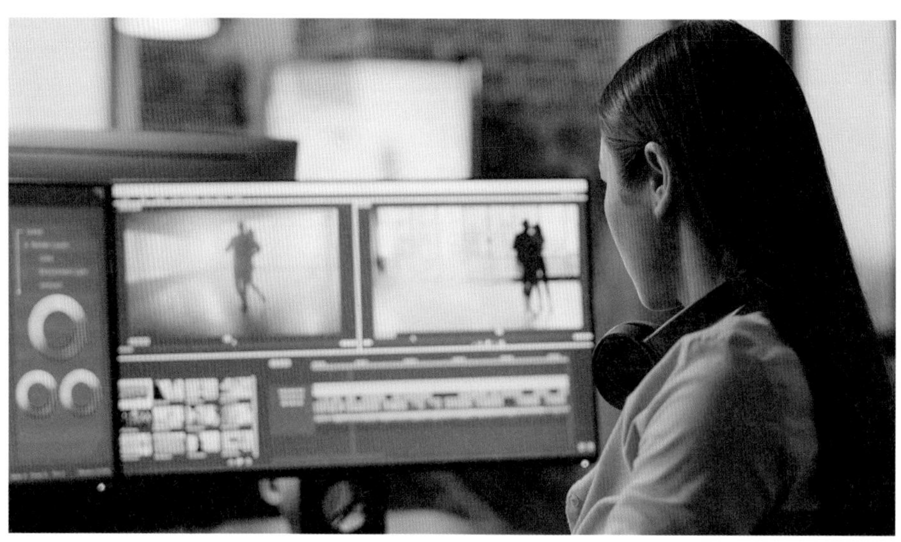

LUTとは

LUTとは「ルックアップテーブル」の略です。「色（RGB）をどのように変換するか」を保存したデータであり、フィルターやエフェクトとは少し違います。フィルターやエフェクトは上から被せる形なので詳細な変更ができませんが、LUTは色の細かな変換が可能です。現在では色相・輝度・彩度を合わせて調整できる「3D LUT」が主流です。

色補正のLUT

LUTには「カラーコレクション（補正）のために使うLUT」が存在します。少し難しい話ですが、標準の色に変換するために「Rec.709」というLUTがよく使用されます。もしミラーレスなどのカメラをお使いで、LOGやRAW撮影が可能なら一度メーカーが配布しているLUTを活用してみるのもよいかもしれません。

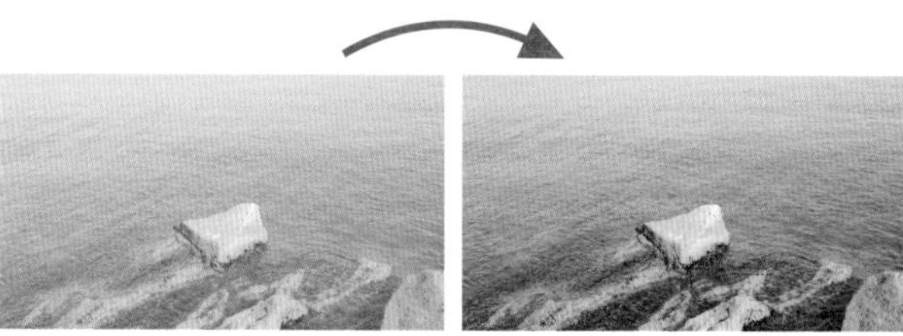

Sony Log → Rec.709 の例

演出のLUT

2つ目のLUTは、「カラーグレーディング（演出）のために使うLUT」です。こちらが一般的にLUTとして名が通っているもので、「クリエイティブLUT」と呼ばれることもあります。一定の目的や世界観を表現するために使われることが多く、ネット上に膨大なLUTがあり、無料で使用できるものや映画風のLUTなど、幅広い種類があります。

元素材　　クリエイティブ LUT

LUTのメリット

LUTを使うことで得られるメリットは主に3つあります。1つ目は、効率よく編集できる点です。色補正のLUTでも演出のLUTでも、個々のカットに手間をかける必要がなく、ある程度一括で操作が行えます。

2つ目は、一貫した雰囲気やテーマに合わせて調整できる点です。1つ1つのクリップを個別に編集していると、どうしてもムラができて色調が異なるカットができてしまうことがあります。これらを一貫して色調整できるLUTは、ある程度の統一感を持たせることができます。

3つ目は、膨大なLUTが存在する点です。1から自分で色を演出していくのは非常に難しい作業ですが、今はネット上でさまざまなLUTが配布されており、無料のものから有料なものまで多岐にわたります。まずは自分のイメージや演出したい色に近いLUTを入手して調整していくのも方法の1つだと思います。

LUTの注意点

LUTは一見すると非常に便利ですが、注意点も存在します。それは「万能ではない」ということです。LUTはあくまで色相、輝度、彩度などを変更するためのデータであるため、カメラごとによる色の差や、環境による差が生じると結果が異なってしまいます。たとえ有料のLUTを使用したとしても、理想の色を完璧に再現することは難しいです。そのためLUTを適応して終わりでなく、微調整をする必要があります。

またDaVinci Resolveなどの編集ソフトでは自分でLUTを作成することができるので、ネット上のLUTを参考にしつつ、自分流に作り上げていくのもよいかもしれません。

Lesson

5-14 流行りの色を取り入れよう

流行りの色を知ることもセンスの良い動画を作る上で大事な要素です。ここでは流行りを知ることができるサイトおよび活用法をご紹介します。

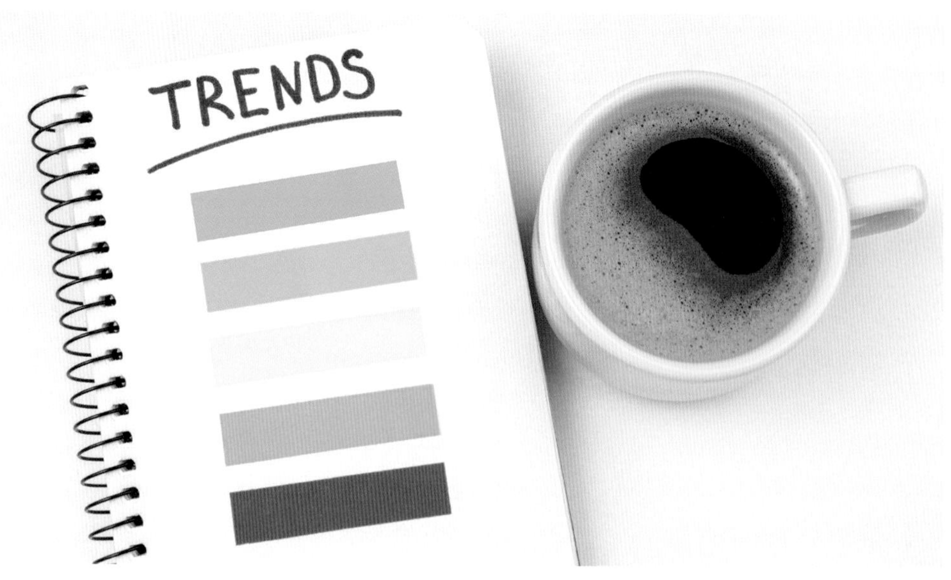

カラー・オブ・ザ・イヤー

パントン社（https://www.pantone.jp/）が毎年発表している「カラー・オブ・ザ・イヤー」は、流行りの色を取り入れる際におすすめです。パントン社が出している色見本帳は世界で活用されており、グラフィックデザイン、印刷、Web制作においての色指定の基準として使われています。そのパントン社がファッションやグラフィック、パッケージデザイン、インテリア、ソーシャルメディアなどさまざまな分野を分析して決めたテーマカラーが毎年発表されています。

活用方法

活用方法としてはサイトにアクセスし、「#」から始まるコードを編集ソフトの文字色や背景色の欄に入力して使ったりすることができます。またサイトでは流行りの色との組み合わせ例や動画も公開されているので、参考にしてみてください。

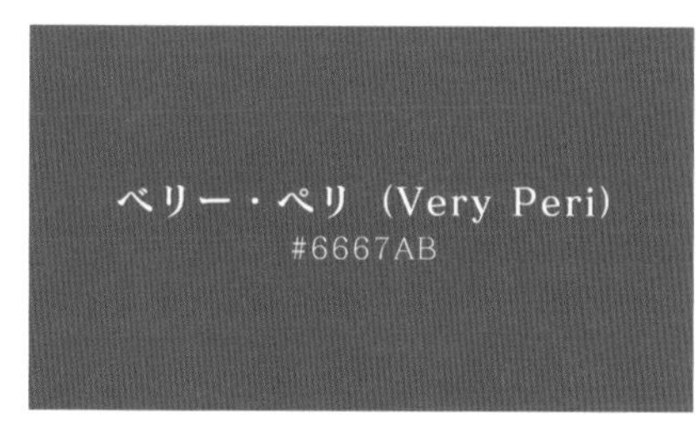

カラー・オブ・ザ・イヤー 2022

カラートレンド

次におすすめなのがShutterstock（https://www.shutterstock.com/）が発表している「カラートレンド」です。この会社は膨大なロイヤリティフリーの画像や動画を全世界で提供しています。そしてダウンロードされた画像や動画の配色、カラーコードをピクセル単位で分析し、毎年トレンドとして発表しているのがカラートレンドです。

例として2022年に発表された色をご紹介します。

カーミング・コラル（#E9967A）

「穏やかな珊瑚の色」を意味するカーミング・コラルは、夕日がほのかに色褪せたような桃色です。イエローやピンクと合わせれば、ノスタルジックなデザインに仕上げることができます。

ヴェルベット・バイオレット（#800080）

ヴェルベット･バイオレットは、ピンクを下地にした紫色です。エメラルド・グリーンのような対照的な色と合わせると、より一層この色の良さを引き立たせることができます。

パシフィック・ピンク（#DB7093）

パシフィック・ピンクは活力と静けさが融合した綿菓子のようなピンク色です。他のピンクやピーチ色のトーンと組み合わせると、素晴らしい調和が生まれます。

活用方法

Shutterstock社によるカラートレンドは、トレンドの色を表した画像や動画などのビジュアルをたくさん見ることができます。色の使い方や表現方法などを「コレクション」から参考にしてみたり、カラーグレーディングでその色に寄せてみるのもよいかもしれません。

Lesson

5-15 参考サイト

配色に迷ったり、色の引き出しを増やすためにもインプットは大切です。ここではそんな時の参考サイトをいくつかご紹介します。

Adobe Color CC

https://color.adobe.com/ja/create/color-wheel

「Adobe Color」はAdobeが提供している無料の配色デザインツールです。直感的な操作でバランスの良い配色デザインを作り上げることができ、基本的な機能は会員登録不要で利用可能です。

PCならブラウザで使えますし、スマホやタブレットのアプリでは、カメラが検知した写真や動画からカラーテーマを作成する機能もあります。

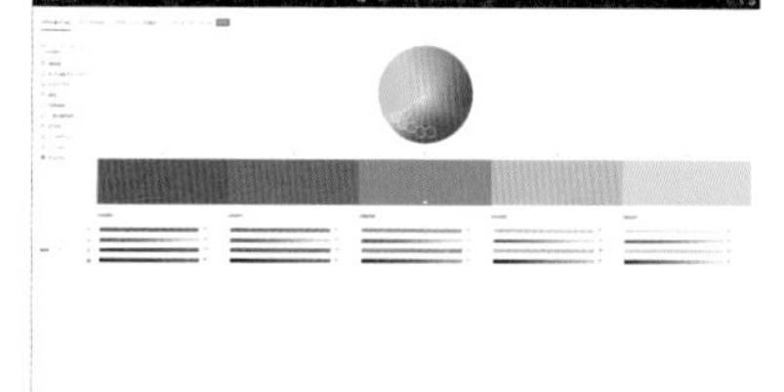

HUE / 360

https://hue360.herokuapp.com/

「HUE / 360」は一つ色を選ぶと相性の良い色を提案してくれるサイトです。選択された色と合う色だけが残り、合わない色は非表示になります。

英語ベースなので詳しい使い方は「HUE / 360 使い方」で調べると日本語のわかりやすい解説が出てくるでしょう。

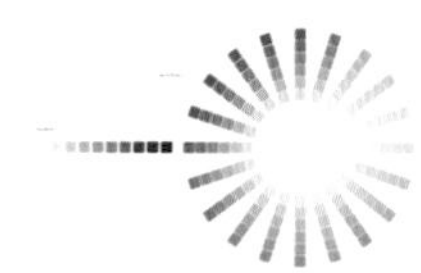

配色の見本帳

https://ironodata.info/

「配色の見本帳」は、ベースとなる色を選ぶと色の成分情報や補色、配色パターンなどを提案してくれます。日本語のサイトなので使いやすいですし、マンガ配色検索などユニークなページもあり、見ているだけでも楽しいサイトです。

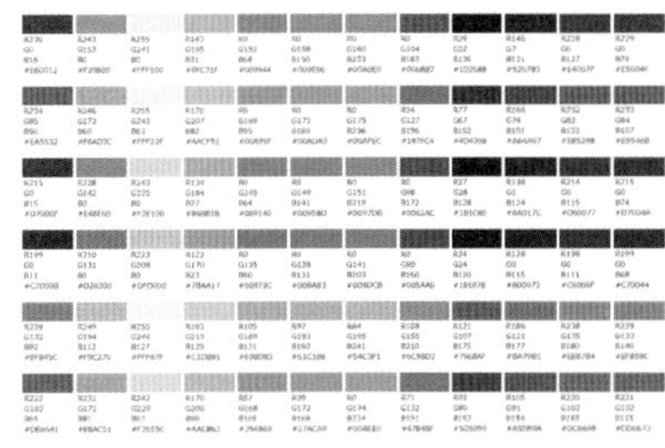

NIPPON COLORS

https://nipponcolors.com/

「NIPPON COLORS」は日本に伝わる伝統色を調べるのに最適なサイトです。動画のテロップや背景において、日本の風景などと相性の良い色を見つけることができます。

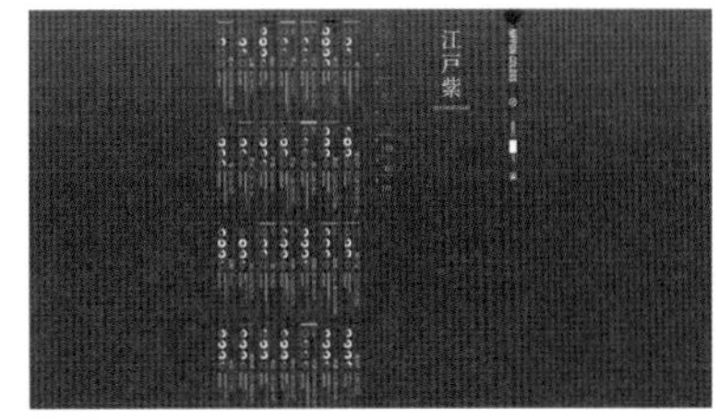

Palettable

http://www.palettable.io/

「Palettable」は表示された色が好きか嫌いか選ぶだけで、最終的にカラーパレットを作ることができるサイトです。このサイトは何百万人ものデザイナーの配色知識をインプットしたAIが配色を提案してくれるユニークなサイトです。直感的に選択できるので、何も色が思い浮かばない時はAIに頼ってみるのもよいかもしれません。

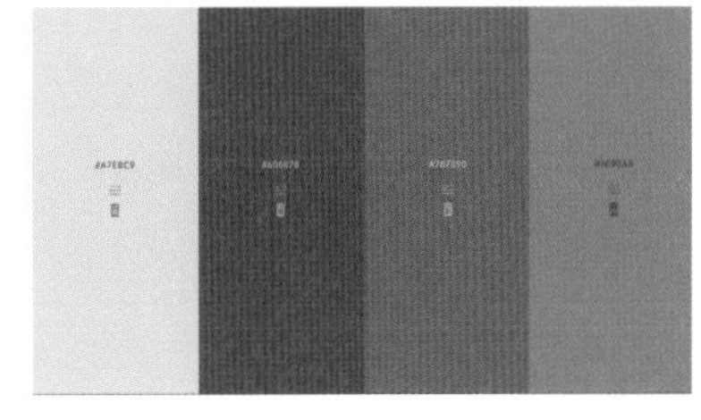

Colour Contrast Checker

https://colourcontrast.cc/

「Colour Contrast Checker」はその名の通り、背景色と文字色のコントラストをチェックする時に便利なサイトです。文字が見えにくいかどうかを色コードを入れて実際に見ることができるので、動画においても背景と文字の確認などで大いに活用できるでしょう。

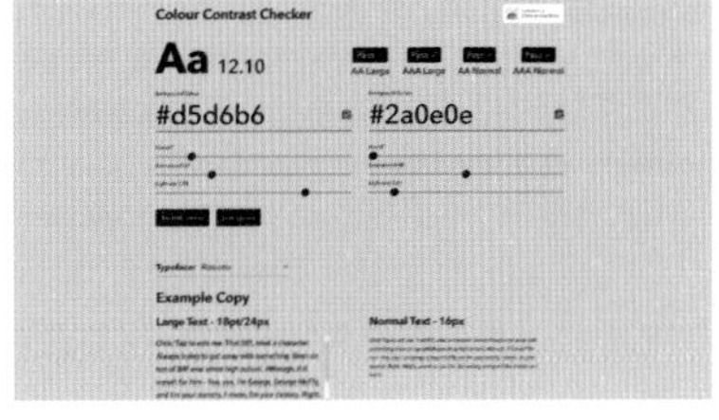

COLUMN

ディスプレイについて

色編集において一通り学んだところで、最後にディスプレイについて触れておきます。よりクオリティを上げたい人は、デバイスにも気を使う必要があります。

みなさんはデバイスによって表示される色の違いを感じたことはありますか？

せっかくLesson 5で色について学び、自分の色を作り込んでも、自分のディスプレイと見てもらう相手のディスプレイとで色が違うと本末転倒です。そこで、忠実に色を編集するにはディスプレイにも気を使わなければなりません。

すごく厳密な話をすると「ハードウェアキャリブレーション」といった作業が必要になるのですが、趣味で編集している方や初心者の方で色編集のクオリティを上げるなら、「カラーマネジメントモニター」を用意することから始めましょう。

カラーマネジメントモニターは、通常のモニターに比べて色の再現できる範囲が広いモニターです。色の範囲には「sRGB」「AdobeRGB」「DCI-P3」などいくつか規格があり、これらをカバーしているモニターは色を忠実に再現できるモニターと言えます。

カラーマネジメントモニターのおすすめメーカーとしては、少し高額ですがブランド力があるEIZOを筆頭に、コスパが良いBenQやViewSonicなどがおすすめです。

ちなみに、私はViewSonicのモニターを使用していてとても満足しています。

Lesson 6

「文字」で
センスを磨く

Lesson

6-1 文字の大切さ

動画編集において「文字」は軽視しがちですが、重要な要素です。タイトルやテロップなど文字情報の知識を身につけて、動画全体のクオリティを底上げしましょう。

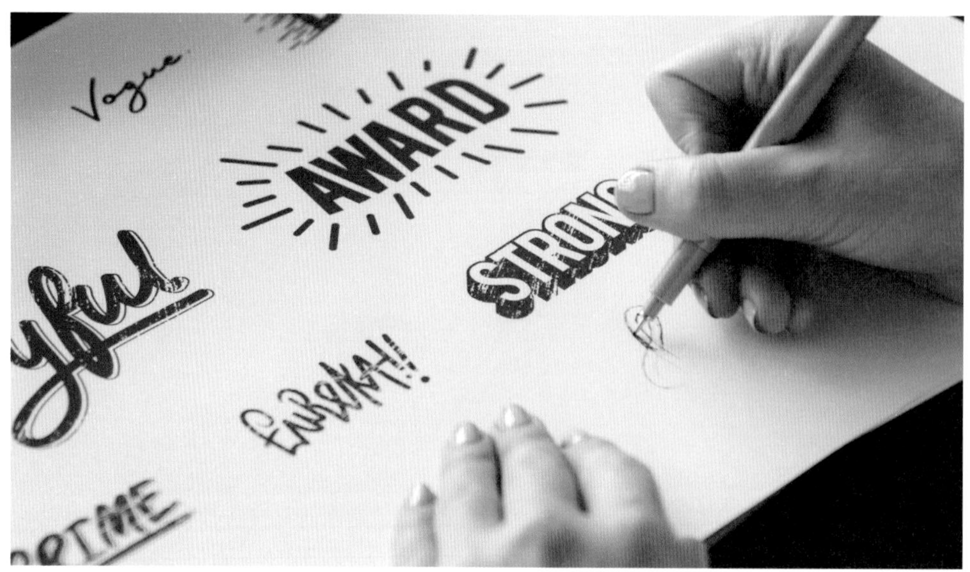

文字の大切さ

動画における文字情報は、視聴者に内容を伝える手助けをしてくれます。これまで「カットつなぎ・構図・音・色」に関する知識と大切さをお伝えしてきましたが、「文字」も動画の重要な要素の1つです。デザイン的な知識を身につけて、視聴者のことを考えた文字を効果的に取り入れることで、必ずクオリティは上がっていくでしょう。

動画における文字「テロップ」

動画における文字情報は「字幕」や「テロップ」と呼ばれ、厳密にはこの2つの意味は異なります。しかし、昨今においてこれら2つは同義として扱われることも多いので、本書では主に動画における文字情報を「テロップ」として扱っていきたいと思います。

テロップの目的

まず、動画に文字情報を入れる目的を考えていきましょう。私たちは動画に文字情報を入れる目的は「動画の目的や内容をわかりやすく伝えるため」だと考えています。動画は通常「映像」と「音声」から成り立ちます。ここに「テロップ」を組み込むことで「文字」からも情報を伝えることができ、より視聴者に伝えたいことが伝わるようになります。

テロップのメリット

テロップを上手く活かすメリットは、大きく2つあると考えています。1つは前述したように、「動画の目的や内容を伝えやすくなる」というメリットです。特にSNSにおけるテロップは非常に重要で、「ながら見」をする視聴者や、途中から再生する視聴者に、動画の流れを理解しやすくするというメリットもあるでしょう。

2つ目は、「動画内容を濃くすることができる」というメリットです。テロップを効果的に活用することで、視聴者の印象や認知を高めることができます。本書ではこちらを深掘りしていきますので、効果的なテロップの使い方を意識しながら読み進めてみてください。

テロップの注意点

テロップは効果的に使えば大きなメリットになる反面、注意点もあります。1番注意したいのが「テロップを入れすぎないこと」です。前述したようにテロップを動画に入れる目的はあくまで内容をわかりやすくするためです。

一般的にテロップ表示の目安は「日本語で1秒間に4文字以内、英字は1秒間に12文字以内」が基準とされています。「人が2秒で読める文字数は7文字まで」といった研究結果もあります。つまりこれを超えた文字を表示してしまうと、視聴者が内容を処理しきれない可能性があるため注意しましょう。

Lesson 6 「文字」でセンスを磨く

Lesson

6-2 フォントの基礎

まずは文字におけるフォントの基礎を学んでいきましょう。フォントは歴史のあるものから流行りのものなど、知れば知るほど面白い分野でもあります。

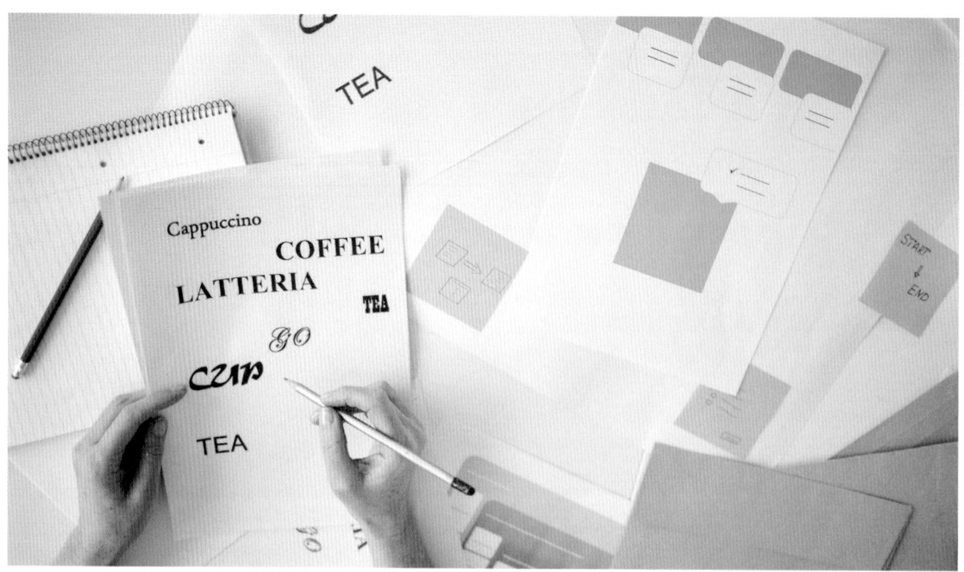

フォントとは?

「フォント」とは、コンピュータで扱われるデジタル化した書体のことです。Windowsだと「メイリオ」、Macだと「ヒラギノ角ゴシック」などが有名でしょうか。フォントはそれ自体に文字の形や大きさ、太さなどの情報を持っており、動画編集においては、これらを目的に応じて選択していかなければなりません。

フォントの役割

みなさんはフォントをどのように選んでいますか? もうお気づきかもしれませんが、ここでも「なんとなく」は厳禁です。例えばターゲットや目的を考えてフォントの太さや種類を選んでいくように、「なぜそのフォントにしたのか」を考えることでフォント選びの質は上がっていくと思います。6-1で学んだ「動画の目的や内容をわかりやすく伝えるため」を意識して、用途にあったデザインのフォントを選ぶ癖をつけていきましょう。

フォントファミリー

動画編集で文字を入力する際に、同じフォントでもいくつか太さの種類があることに気づくと思います。フォントでは太さのことを「ウエイト」と呼び、ウエイトのバリエーションをまとめたものを「フォントファミリー」と呼びます。

ABCDEFG abcdefg
DIN 2014 Extra Light
ABCDEFG abcdefg
DIN 2014 Light
ABCDEFG abcdefg
DIN 2014 Regular
ABCDEFG abcdefg
DIN 2014 Demi
ABCDEFG abcdefg
DIN 2014 Bold

フォントファミリー

斜めのフォント

突然ですが、この2つの違いはわかりますか？

ABCDEFG abc
DIN 2014 Oblique

ABCDEFG abc
DIN 2014 Italic

2つとも斜めに傾いた同じフォントですが、1つ目のオブリーク体は「ベースのフォントを機械的に傾けただけ」なのに対し、2つ目のイタリック体は「傾けた際のバランスの悪さを微調整したもの」になります。文字を斜めにする際は、フォントファミリーからバランスの良いイタリック体を選択することをおすすめします。

Lesson

6-3 書体の種類：和文

ここでは、書体の種類をご紹介していきます。使い分けの際の基礎知識として覚えておくと、編集の幅が広がるかもしれません。

文字
モジ
もじ

使用フォント：リュウミンPr6N

明朝体

横線に対して縦線が太いといった特徴があり､左右に｢うろこ」（三角形の飾り）がある。ぎっしり文字を敷きつめても読みやすく、書籍や新聞の本文に使われたり、高級感も演出できる。

文字
モジ
もじ

使用フォント：ロダン Pro

ゴシック体

直線的で線がほぼ同じ太さなのが特徴。シンプルで力強くはっきりしており、可読性に優れている。動画のタイトルやYouTubeのサムネイルでよく見られる。

文字
モジ
もじ

使用フォント：じゅん Pro

丸ゴシック体

ゴシック体の角を丸めた装飾的な書体。ゴシック体と同様にほぼ均一な太さで構成されているが、両端や曲がりなどを丸めたデザインが特徴的。ゴシック体の可読性を維持しつつ、装飾的にカジュアルに活用できる。

文字
モジ
もじ

使用フォント：UD角ゴ ラージ Pr6

UD書体

近年注目されている「ユニバーサルデザイン」のコンセプトにもとづいた書体。「使いやすさ、見やすさ」といった細かい部分にも配慮・工夫をしたデザインが特徴的。説明書や公的な書類などで使われていたりする。

文字
モジ
もじ

使用フォント：白舟楷書教漢

楷書体

書道の手本や印鑑に使われている書体。正式・伝統的といった印象を与えつつ、可読性が高いのが特徴。

使用フォント：黒龍爽

筆書体

筆で書いた文字を再現した書体。和のテイストを出したいときに装飾的に使ったり、感謝状や表彰状などのフォントとしても使われることがある。

Lesson

6-4 書体の種類：欧文、その他

ABC
abc
Sample

使用フォント：Baskerville URW

セリフ体

「セリフ」とは文字の先端にある小さな飾りのことで、このセリフを持つのが特徴。日本語書体の明朝体と同様、縦と横線の幅が異なり、欧文書体の中でもスタンダードな書体。高級感のあるイメージ、伝統的な雰囲気を演出したい場合に使用する。

ABC
abc
Sample

使用フォント：Futura PT

サンセリフ体

セリフ体とは違い、縦線・横線の太さもほぼ均等なのが特徴。装飾的な要素がなく、シンプルで親しみやすいイメージ。可読性が高いことから、近年のハイブランドを中心に、幅広い企業ロゴでサンセリフ体を採用しているのを目にする。

ABC
abc
Sample

使用フォント：Clone Rounded Latin

ラウンデッド体

柔らかい優しい曲線が特徴。可読性が高いため扱いやすく、子供っぽさや可愛らしさを表現する時にカジュアルに活用できる。

スクリプト体

手書きのように続け文字になるデザインが特徴。スクリプト体の中にもフォーマルなものからカジュアルなものまで幅広いデザインが存在する。可読性が低いため、現在では装飾的にタイトルなどで用いられることが多い。

ABC
abc
Sample

使用フォント：Hello My Love Pro Kewl Script

装飾書体

タイトルや見出し、ロゴなどで使われることを想定した書体。個性が強いため長文には不向きだが、使い所によっては強いインパクトを与えることができる。

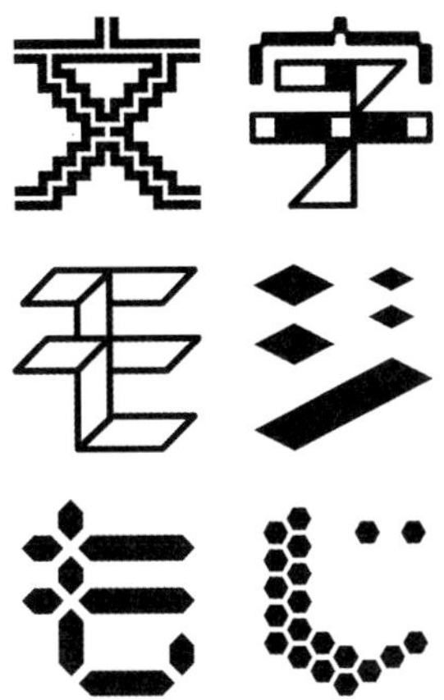

使用フォント：TA-rb0925

デコラティブ体

装飾書体の欧文版。こちらも装飾要素が強く、さまざまな書体が存在する。目を惹かせたい時に使用してみよう。

ABC
abc
Sample

使用フォント：Stack LoRes 120T

Lesson

6-5 有料フォント

世の中には無料のフォントと有料のフォントが存在します。ここでは無料フォントと有料フォントは何が違うのかなどについて、実体験をふまえてご紹介します。

無料？ 有料？

クリエイティブな作業に馴染みがなかったり、はじめたての方には「フォントは無料で使えるもの」と思っている方が多いのではないでしょうか。おそらく、フォントはもとからPCに入っているため、自分でお金を払っていると感じにくいからだと思います。しかし、PCで使えるフォントはOSを作っている会社が契約しているものなので、厳密にはOS代の中に含まれているとも言えます。つまり、見えない部分でお金を払っているのです。

最初は無料フォントでOK

私たちは、「有料フォントを絶対に使うべき」とは考えていません。有料のフォントは、サブスクでも高額なサービスが多く敷居が高いのが現状です。そして最近では、書体データの著作権切れや、制作者が無料で公開しているフォントが増えてきました。無料でも高クオリティのフォントが見つかると思うので、はじめのうちは無料フォントからはじめるのもありだと思います。

有料フォントの種類①

有料のフォントは大きく2種類の形態があります。1つは「買い切り形式」です。これは1度購入するとずっと使えるもので、特定のフォントを永続的に使う予定がある方に向いています。しかし、複数のフォントを使いたい場合はその都度購入する必要があるため、さまざまなフォントを使いたい方にとっては割高になってしまう恐れがあります。

一例：https://www.sourcenext.com/product/hiragino/gothic/

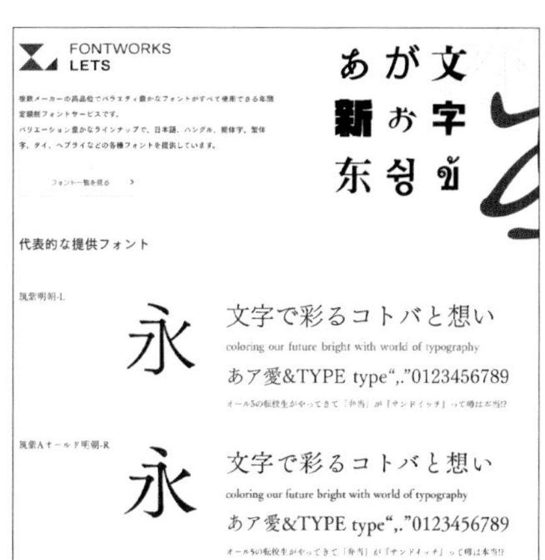

有料フォントの種類②

有料のフォント形態2つ目は「サブスクリプション形式」です。近年、有名なフォントメーカーは軒並みこの形態に移りつつあります。月額や年額で複数のフォントが使い放題になるため、さまざまなフォントを活用する方はお得に使える形態です。しかし、長期的な視点で見るとランニングコストがかかるため注意が必要です。

一例：https://lets.fontworks.co.jp/fontworks

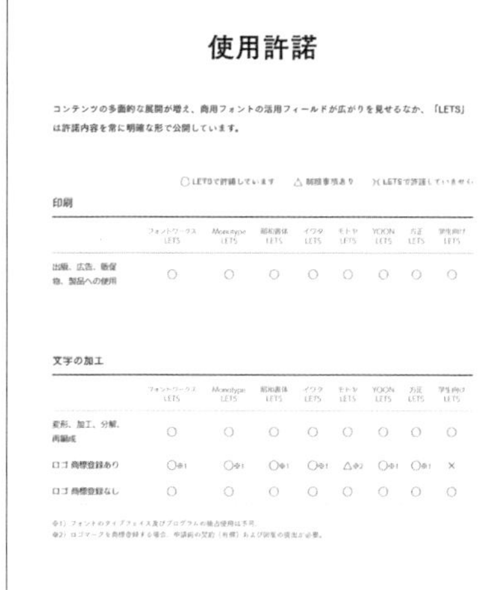

有料フォントのメリット

有料のフォントには大きく2つのメリットがあります。1つ目がライセンスがはっきりしていることです。商用利用できるものが多く、利用範囲もわかりやすいものが多いです。2つ目がクオリティです。有名なフォントメーカーが制作しているフォントはテレビや映画、ロゴに使われていたりとクオリティが高いものが多く、それゆえの信頼性が担保されています。

一例：https://lets.fontworks.co.jp/services/license

Lesson

6-6 シーンにあった フォントの選び方①

ここからはフォントの選び方や活かし方、考え方を作例とともにご紹介していきます。正解はないフォント選びですが、少しでも参考になれば幸いです。

フォントの選び方

フォント選びは主観的な判断が求められる部分ですが、6-3, 6-4でご紹介した書体ごとの特徴や丸み、太さといった要素から、ある程度の向き・不向きが存在します。

これらをふまえつつ、自分が作る動画はどのような目的で、何を文字で伝えたいかなどを考えて、選択していきましょう。また、書体マッピングを作ってみたので参考にしてみてください。

スタイリッシュな作例

まずは、スタイリッシュでファッショナブルなかっこいい動画をテーマにフォントを選んでみました。

ポイント①「シンプル」

スタイリッシュさを演出するには、シンプルさと統一感が大事だと考えています。今回は1種類のサンセリフ体かつ細身のものを使用しています。また文字の間を離し、余白を活かしたレイアウトにすることで、洗練された印象になっていると思います。

ポイント②「フォントを絞る」

スタイリッシュに見せたい場合は文字をなるべく少なく、またフォントも絞ったほうがよいでしょう。

右下の画像のようにフォントの種類が多かったり、文字が多すぎるとごちゃごちゃした印象になり、スタイリッシュとはかけ離れてしまうからです。

どうしても文字の強弱をつけたい場合は、フォントファミリーの中でウエイトに差をつけたり、文字のアニメーションで工夫しましょう。

Lesson

6-7 シーンにあったフォントの選び方②

ポップな作例

次に、ポップな作例について考えてみましょう。親しみやすさ、女性向けであることを意識してフォントを選んでみました。

ポイント①「カジュアル」

今回は丸ゴシック体をメインにして可読性を保ちつつ、右下の「strawberry」の文字は少し遊び心のあるポップなフォントを選択してみました。

このような丸ゴシック体やラウンデッド体は、丸みがあって柔らかい印象を与えるため、ポップなイメージの動画との相性は抜群だと思います。

これがもし右の画像のようなゴシック体オンリーだと少し硬い印象になってしまいますね。

ポイント②「可読性」

この作例動画はドリンクの広告を想定して作りました。そのため、文字で1番伝えたいのは「新発売」だということと、その日付です。そのため可読性が重要になります。ここにデザイン書体やデコラティブ体のような可読性が低い書体を選択してしまうと、せっかくの動画が台無しになります。装飾要素が強い書体は、タイトルや日付などの情報には不向きだということを覚えておく必要があるでしょう。

ポイント③「目的を考える」

これは全てのシーンで言えることですが、さらに深掘りして目的やターゲットを考えてみると、違った選択肢が出てくるかもしれません。

フォント選びは試行錯誤の連続で正解がないため、動画編集の中でも面白く興味深い要素だと思います。

例えば右下の画像のように、「女性をターゲット」にした「ポップ」といっても、年齢層によってフォント選びは変わってくるでしょう。想定している視聴者や目的に応じて、色々と試すことが大切です。

Lesson

6-8 シーンにあったフォントの選び方③

180-1.mp4 180-2.mp4
181-1.mp4 181-2.mp4

ビジネス風の作例

次に、ビジネスで使われるような作例について考えていきたいと思います。見やすさと堅実な印象を重視してみました。

ポイント①「堅実」

ビジネスの場合だと堅実なイメージが求められるため、前ページのようなポップなイメージとは打って変わって、堅いイメージを持つフォントを選択する必要があります。そこでUD書体を選択しました。UD書体は説明書や公的文書、看板などで採用されており、視認性が高く「公的」な印象がビジネス系のシーンにぴったりです。

ポイント②「強弱をつける」

ビジネス系のような堅い印象を与えたい場合で、何かメリハリをつけたい場合は、文字の大きさなどを変える方法がおすすめです。

右の画像のように装飾系のフォントで目を引いたり、フォントの種類で強弱をつけると、かえって印象を損なってしまう恐れがあるため、上の画像のように同じフォントで大小をつけたり、少し斜めに配置したり、ウエイトで差をつけたりして工夫しましょう。

高級感を演出する作例

次に、高級感を演出する作例を考えていきたいと思います。ゆとりを感じさせるような印象を意識してみました。

ポイント①「余白」

高級感を演出するための最大のポイントは、ズバリ「余白」だと思います。ハイブランドや高級店になるほど、余白を活かした広告物が多い印象です。書体は明朝体やセリフ体、文字は太いよりも細い方が余白を活かしやすいです。

また、文字の間の調整は「トラックング」や「カーニング」という項目で調整するのですが、これらを使って広めに調整することで、より高級感を演出できるでしょう。

ポイント②「可読性を犠牲にする」

これまでタイトルや重要な文字は可読性が大事だとお伝えしてきましたが、場合によっては「読ませるための文字」ではなく「雰囲気を伝えるための文字」や「ブランディングを重視する文字」を使用する場合もあります。

右の画像のように、雰囲気を伝えるために可読性が低いスクリプト体を用いると、不思議と違った雰囲気が漂ってきませんか？ このようにあえてデザインの一部として、可読性よりも伝えたい印象を重視する方法も覚えておくとよいでしょう。

Lesson

6-9 デザインの基礎：コンストラスト

デザインの基礎についての解説です。まずは「コントラスト」について学んでいきましょう。コントラストは、大きな変化をつけることが大切です。

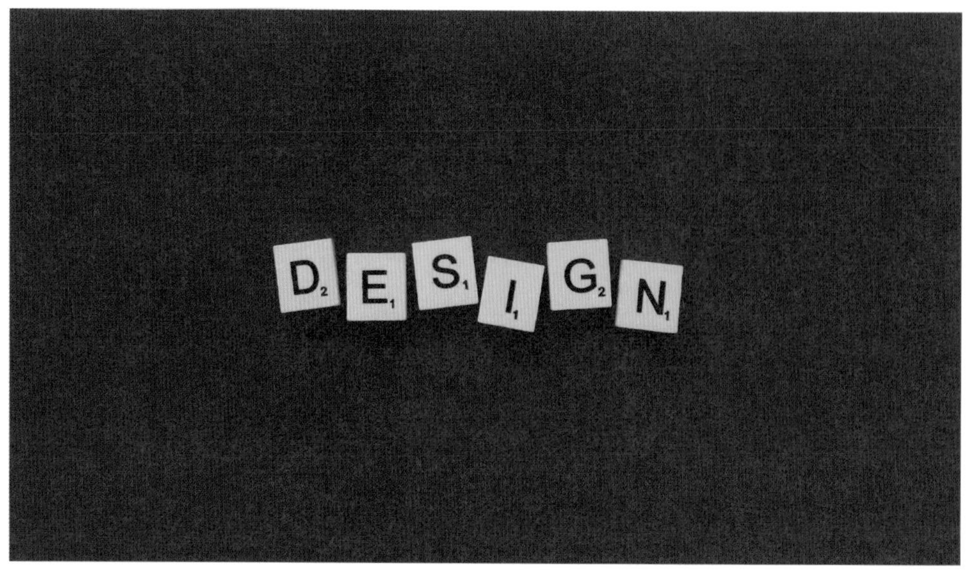

コントラスト

視聴者に情報をわかりやすく伝えるためにまず取り組みたいのは、「コントラストをつける」ことです。

右の画像は全くコントラストがなく、同じフォントで、同じ太さ・大きさで作成しています。どこから読んでいいかわかりにくく、センスが良い紹介文とは言えません。

Rec Plus
Rec Plusには
「Recording=記録する」と
「Plus=付加価値を付ける」
の意味が込められています。

コントラストのつけ方

コントラストのつけ方はさまざまで、書体やフォントの変更、太さ・大きさ・色・シェイプの変更など方法は多岐にわたります。

これまで学んだ「書体」を変える方法でコントラストをつけた例を用意しましたが、少し視線の誘導がスムーズになったと思います。

Rec Plus
Rec Plusには
「Recording=記録する」と
「Plus=付加価値を付ける」
の意味が込められています。

コントラストの注意点

コントラストをつけるうえで注意したいのが「小さなコントラストでは効果も小さい」ということです。

例えば右の画像では、メインの「Rec Plus」と紹介文は少し太さを変え、フォントも変えてコントラストをつけています。しかし、太さはともかくフォントの書体も似たようなゴシック体のため、コントラストとしては弱く、情報をわかりやすく伝える観点で見ても効果が小さいです。

Rec Plus

Rec Plusには
「Recording=記録する」と
「Plus=付加価値を付ける」
の意味が込められています。

大きな差をつけよう

コントラストをつけるうえでのコツは「大胆に変化をつける」ことです。似たような書体で変化をつけたり、大きさや太さを少し変えるのではなく、大きな変化を加えましょう。

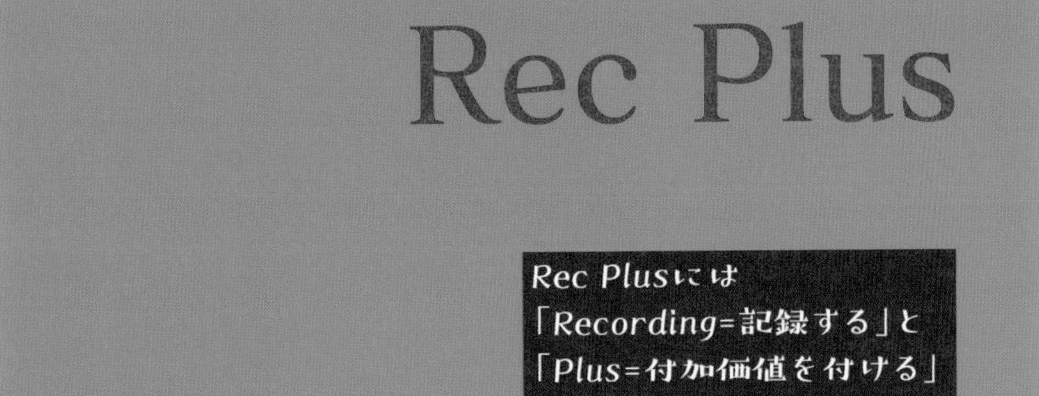

上の画像は「Rec Plus」の文字と説明文に、大胆な変化を加えていることがわかると思います。色や大きさを大胆に変え、書体も全く違うものから選択しています。また空間を空けたり、シェイプと呼ばれる背景を文字につけて差を作ることで、視線を誘導でき、よりセンスの良い紹介文になっていると思います。

Lesson

6-10 デザインの基礎：反復

デザインの基礎2つ目、「反復」についてご紹介します。コントラストとともに反復を意識することで、視覚的に見やすくすることができます。

反復

デザインの基礎である反復は、「何らかの視覚的要素を繰り返して一貫性を持たせること」です。おそらく本書を読んでいるみなさんも、何かしら「反復」のテクニックを使っているはずです。

例えば資料を作る際、各ページに同じ文字のフォントを使ったり、同じ大きさのタイトルを使用するのもこの「反復」を使用しているのです。このことを今後はさらに意識的に考えていきましょう。

悪い例

名刺に記載の情報をわかりやすく伝えることを目的に、メインとサブの文字の大きさを変えています。

何もしないよりは見やすいですが、この例では反復が十分に取り入れられていないため、まだセンスが良いとは言えません。

反復のつけ方

反復のつけ方は、「デザイン上の特徴やコントラストを繰り返す」ということです。例えばフォントの太さや色の違い、配置や空白などの、視聴者が視覚的に認識できるものを意図的に繰り返します。これらを取り入れた例が下の画像です。

反復のコツ

上の画像のように色と大きさでコントラストをつけ、それを繰り返すことが反復です。オレンジが主題で紺がサブというデザイン上の特徴を数行にわたって繰り返すことで、全体を通してまとまった印象を与えると思います。また、この反復は1枚のスライドで用いても効果的ですが、動画のような連続した情報においても、「主題はオレンジ」「サブは紺」のように色を決めて繰り返し使うことで、視聴者の視線をわかりやすく誘導することができるでしょう。

反復の注意点

反復の注意点は「反復する要素を多くしすぎないようにする」ことです。例えば上の画像のように文字の2色の差を反復するだけならよいのですが、文字の大きさと色を4色、また配置も反復するとなると、視聴者はうるさく感じてしまうでしょう。あくまで全体のまとまりや視聴者の視線誘導を考えてのテクニックですので、反復する要素は多くても3・4つほどがよいと思います。

Lesson

6-11 デザインの基礎：グループ化

デザインの基礎3つ目、「グループ化」についてご紹介します。グループ化を意識することで、より視聴者の視線誘導をスムーズにすることができます。

》グループ化

デザインにおけるグループ化は、「関連する項目をまとめて見やすくすること」が目的です。関連する項目が近くにあることで、1つのグループとして、要素の関係性を即座に視聴者に伝えることができます。

悪い例

初心者の方にありがちなのが、とりあえず四隅に配置したり、空間を埋めようとして要素を画面内につめ込みすぎることです。これは私たちも経験したことですが、初心者の頃はどうも「空間に対する怖さ」のようなものがある気がします。

しかしむやみに空間を埋めると、かえって情報が読み取りにくくなるため、次ページで空間の活かし方やまとめ方を学んでいきましょう。

住所
あかさたな県はまやらわ市
いきしちに町99-99
電話
090-0000-0000

メール
rec.plus.jp@gmail.com
goro_jp

グループ化のコツ

グループ化はどこから見てほしいのか、視線誘導を意識して視聴者が迷わないようにする必要があります。コツは「制作者が関連させたいものを近くに配置し､情報を組織化させること」です。下の例のように、これまで学んだ「コントラスト」で大きさの差をつけ、「反復」させつつ、各要素を等間隔でグループ化することにより、どこから読みはじめ、どこで読み終えるのかがわかりやすくなったと思います。

「タイトル・見出し・キャプション・本文・画像に対して、関連しない項目は離して配置し、関連する項目は近くに配置する」これを意識するだけで、全体の視線誘導がスムーズになるはずです。

グループ化の隠れたメリット

グループ化には隠れたメリットが存在します。それが「空間もグループ化できる」という点です。左ページで触れたように初心者の頃は空間を怖がる傾向にあるのですが、このグループ化を意識して画面内の情報を整えることができれば、おのずと「魅力的な空間」を作り出すことができます。上の画像のようにグループ化することで、左右の空間や要素間の空間が左ページの例よりも綺麗に感じるはずです。デザインにおいて空間を活かすことは上達の鍵だと思うので、この隠れたメリットのためにも、ぜひグループ化を意識しましょう。

Lesson

6-12 デザインの基礎：整列

デザインの基礎4つ目、「整列」についてご紹介します。整列は最も センスが必要な作業ですが、試行錯誤して身につけていきましょう。

整列

デザインの「整列」は文字通り要素を並べることです。今回ご紹介する4つの基礎の中で一番馴染みのある言葉かもしれませんが、一番難しく、センスのいる作業だと思います。ここでも「なんとなく」は禁物で、動画内の要素を理由や意図なく配置することは避けるべきです。これまで学んだ知識を取り入れつつ、「各要素との視覚的なつながりを考え、意図的に配置する」ようにしましょう。

中央揃え以外の選択肢

整列と言われてはじめに思いつくのは「中央揃え」だと思います。中央揃えは最も一般的な整列方法であり、失敗も少ないためよく使われる傾向にあります。しかし、よりクオリティを上げたいならば、中央揃え以外にも目を向けてみましょう。もちろん中央揃えが悪いというわけではなく、フォーマルな印象や安心感を与えるため、意図的に使用すれば効果抜群です。しかし、思い切って右揃えや左揃えなどの他の選択肢も上手く活用することで、デザインの幅は大きく広がると思います。

整列のコツ

整列を考える上で大切なことは、「グループ化を通して一体感をもたらすこと」です。このことから6-11で学んだグループ化と密接に関わっており、グループ化で項目をまとめたものを、さらに視覚的に関連づけたり、つながりを強固なものにすることができます。

下の例のようにグループ化をして中央揃えにした例と、グループ化をして意図的に整列した例とでは見栄えが大きく異なります。もちろんこれにも正解はありません。より視覚的に良く見せられるようにさまざまなパターンを試行錯誤するのも、デザインの面白さだと思います。

整列の注意点

いくら意図的に要素を配置したとしても各要素が揃っていないと整列とは言えません。右の例のような本来は見えないガイド線（水色）を引き、きちんと各要素を配置しましょう。この見えない線で揃っていることで、要素が離れていても力強い一体感を印象づけることができます。

もう1つの注意点としては、2種類以上の文字揃えを同じスライドで用いないことです。場合によっては効果的に映ることもありますが、多くの場合、右の例のように中央揃えと左揃えを同時に使用すると、統一感を損なわせる場合もあります。

住所
あかさたな県はまやらわ市
いきしちに町99-99
電話
090-0000-0000
メール
rec.plus.jp@gmail.com
goro_jp

Lesson

6-13 テロップデザイン

190-1.mp4 191-2.mp4
190-2.mp4 191-3.mp4
191-1.mp4 191-4.mp4

ここでは動画編集における文字入れ「テロップ」について深掘りしていきます。やや独特な部分もありますが、ぜひデザイン知識として覚えておきましょう。

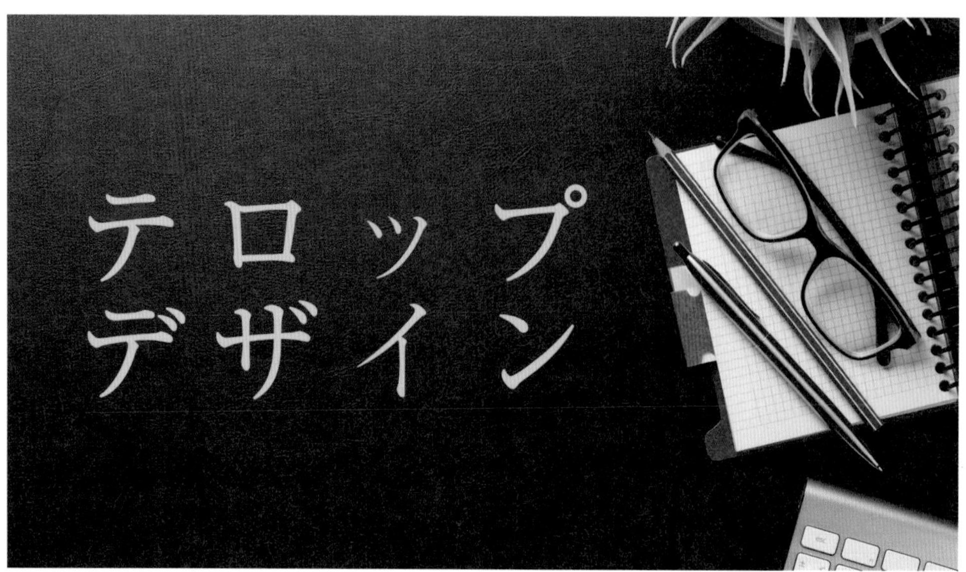

テロップデザイン

これまで一般的なデザイン知識をご紹介してきましたが、動画のテロップのデザインは少し勝手が異なります。6-1の注意点でも触れましたが、「テロップを入れすぎないこと」も動画ならではの特徴でもありますし、動画は絶えず場面が移り変わることから、「文字の見やすさ」にも細心の注意を払う必要があります。

背景を意識しよう

動画にテロップを入れる場合「背景とのコントラストを意識すること」が大切です。

青い海の背景に青いテロップだと見にくいですが、黄色のテロップだと非常に見やすくなります。ここで5-3で学んだ補色の関係が活きてきます。「青と黄色」「赤と青緑」など、背景の補色でテロップを入れることで、より見やすくすることができます。

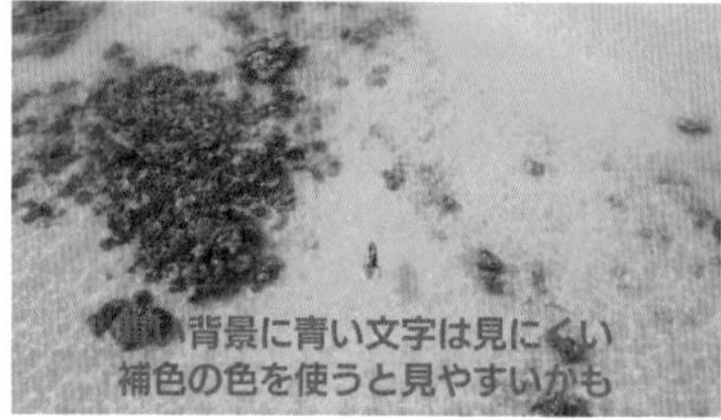

背景に青い文字は見にくい
補色の色を使うと見やすいかも

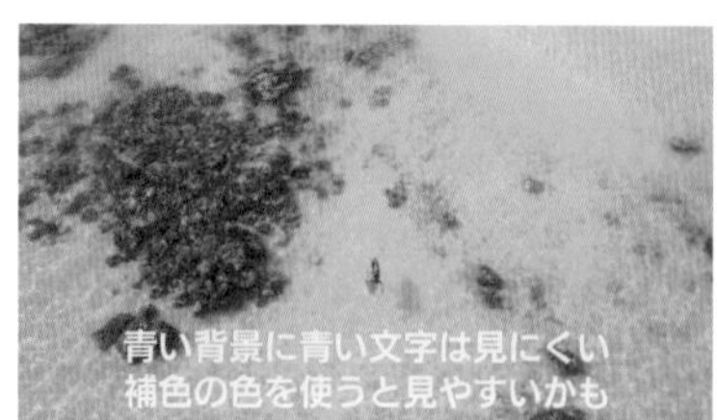

青い背景に青い文字は見にくい
補色の色を使うと見やすいかも

》テロップベースをつける

動画は絶えず場面が移り変わるため、前ページのようにシーンに応じて色を変えていては、らちが明かない場合があります。その場合は、テロップの下にベースを作るのが一般的です。

「座布団」とも呼ばれたりするこのテロップベースにおいても、ベースの色と文字色は注意が必要です。作例191-1のように似たような色や、明度差が少ないと見にくいため、補色の関係を活かしたり、作例191-2のように「黒と白」など明度差をつけることで見やすくなります。

作例 191-1

作例 191-2

》境界線をつける

動画の雰囲気やブランディング的にどうしても白い文字で統一したいなど、これまでにご紹介したコントラストをつける方法が向かない場合は、境界線（エッジ）をつけるのがおすすめです。

作例191-3のように白い背景に白い文字を使用しても、境界線（エッジ）をつけることで見やすくなります。また応用として境界線をぼかすドロップシャドウを使用する方法もあり、作例191-4のように境界線を目立たせることなく視認性を上げることができるためおすすめです。

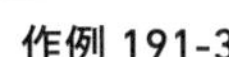

作例 191-3

作例 191-4

》アニメーションをつける

テロップを目立たせたい時には、アニメーションをつけることも効果的です。動画は動く媒体なので、文字もぜひ動かして注目させてみましょう。アニメーションはインプットして良いと思った動きを真似るのがおすすめです。詳しくは6-15でご紹介します。

Lesson

6-14 おすすめフォントサービス

クオリティの高いフォントを使うためのおすすめサービスをご紹介します。無料のものから有料のものまでご紹介するので参考になれば幸いです。

Google Fonts

https://googlefonts.github.io/japanese/

「Google Fonts」は無料で利用できるフォントサービスです。文字通りGoogleが提供するサービスで、さまざまな言語のフォントに対応しており、日本語も含まれています。

日本語フォントの数自体は多くはないですが、ゴシック体や明朝体、デザイン書体まで一通り揃っています。2022年現在、サイトがまだ日本語に最適化されていないため、英語ベースでフォントを絞ったり探していく必要があり少し注意が必要です。

Adobe Fonts

https://fonts.adobe.com/

「Adobe Fonts」はAdobeが提供する、基本使用が無料のフォントサービスです。Adobe CCの利用がなくても無料で6,000のフォントが利用でき、Adobe CCユーザーなら20,000以上のフォントが利用できます。

最近は日本語フォントの追加も多く、欧文フォントも有名なものが多数取り揃えられているため、何かしら目当てのフォントを見つけることができるはずです。とにかく使いやすく、Adobeユーザーの方には強くおすすめできます。

LETS

https://bit.ly/recplus_lets

「LETS」はFontworks社が提供する年間定額フォントサービスです。私たちも現在活用しているサービスで、クオリティの高い和文フォントが多いです。

Web上で簡単にフォントをアクティベートできるだけでなく、目当てのフォントが見つけやすいような工夫もされています。ライセンスの自由度も高く、テレビやアニメでの利用実績があるフォントも使い放題ですので、使用許諾を気にすることなく高品位の和文フォントを使いたい方におすすめです。

MORISAWA Fonts

https://morisawafonts.com/

「Morisawa Fonts」はモリサワ社が提供する年額フォントサービスです。これまでMORISAWA PASSPORTと呼ばれるサービスだったのを刷新し、デバイスに依存しないユーザー単位のライセンスで利用できるサービスに変わりました。

モリサワフォントとは日本語フォントで有名なメーカーで、おそらくみなさんが普段見ている広告やテレビ、書籍の中でモリサワフォントが使われているはずです。2022年現在、モリサワ社は定額サービス以外に買い切り型フォントも販売しているため、決まったフォントが欲しい方は買い切り型もおすすめです。

Lesson

6-15 テロップの学び方

Lesson 6の最後はテロップの入れ方や、使い方、アニメーションなどを学ぶ上でおすすめな媒体やサイトをご紹介します。

テレビ

動画における文字の配置やテロップの入れ方を学ぶうえでおすすめしたいのは、やはりテレビです。テレビは多くのプロが作り上げてきた歴史がある媒体です。つまり文字情報の伝え方も最適化されています。

ニュースやバラエティ番組など、自分が真似たいジャンルのテロップを見てみると、その洗練された配置や文字数はとても参考になると思います。

6-13で学んだテロップのテクニックもテレビではよく用いられているため、配色などを真似てみましょう。

ローワーサード

テロップのアニメーションやスタイリッシュなテロップベースを学びたい場合、「Lower Third」と検索するとさまざまな情報が出てくるはずです。Lower Third（ローワーサード）とは、英語で画面の下部に配置するグラフィックオーバーレイのことを指し、YouTubeなどで検索するとたくさんの参考例が出てきます。

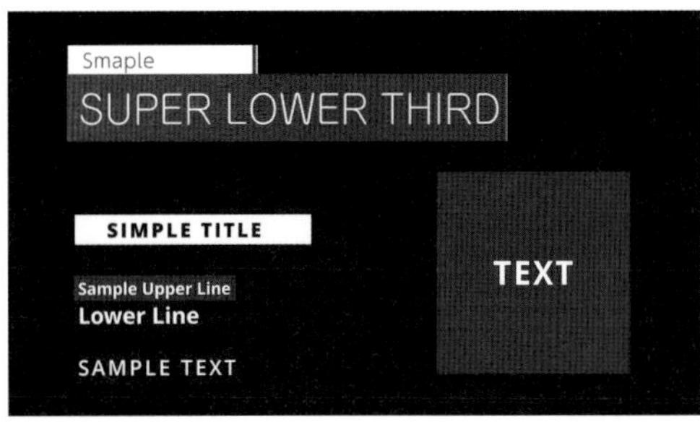

Motion Array

https://bit.ly/recplus_motionarray

※上記URLから年間プランを登録すると割引が適応されます。

「Motion Array」は定額の動画素材サービスですが、テロップを学ぶ上でも非常に役立ちます。

サイトにアクセスし、「Templates」を選択後、「Text」または「Lower Third」にチェックを入れることでさまざまな文字のデザインやアニメーションを見ることができます。

テンプレート利用は有料ですが、見て参考にするだけなら無料です。海外のサイトですが、おしゃれなアニメーションや配色はきっと参考になると思います。

Envato

https://videohive.net/

「Envato」は買い切り型の「Envato Market」と、サブスク型の「Envato Elements」の2つのサービスがあり、どちらも「Video（Video Template）」を選択後、各編集ソフトの「Titles」にチェックを入れることでさまざまなアニメーションやテロップを見ることができます（見るだけなら無料）。

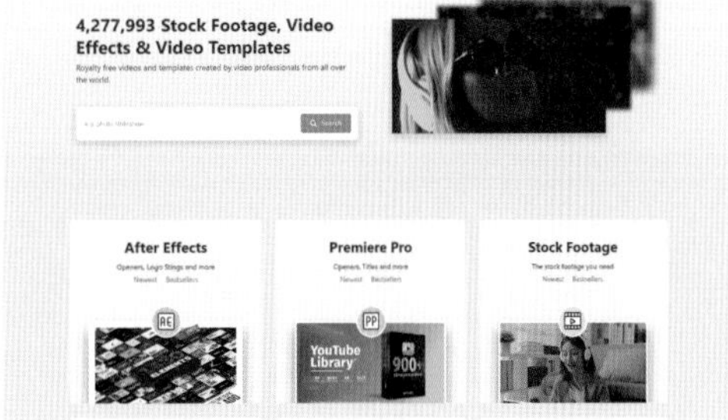

また、Envato Marketは買い切り型なので、気に入ったアニメーションがあれば数千円で買うこともできます。1からアニメーションを作るのは手間がかかるため、このようなテンプレート素材サイトを利用して時短しつつ、勉強するのは良い選択かもしれません。

INDEX

おわりに

今一度みなさんにお聞きします。

みなさんは「クリエイティブ」は好きですか？
「動画編集」は好きですか？

本書を読む前と、読んだ後で、みなさんの気持ちにプラスの変化が生まれていれば幸いです。たとえ大きな変化ではなくても、本書が「クリエイティブ・動画編集を好きになるきっかけ」になることを願っています。

私たちがクリエイティブ・動画編集に興味を持ちはじめた当初は、あまり日本語の情報が豊富ではなく、あったとしても理解が難しい書籍が多かった印象です。そのため、YouTubeで英語検索をして情報収集するなど、苦労したことを覚えています。

その経験があったからこそ、同じ境遇にいる方の役に立ちたいと思い、私たちは「Rec Plus」というチームを結成し、クリエイティブや動画編集に関する情報を発信し続けています。情報発信を続けていたからこそ、本書を執筆する機会にも恵まれ、こうしてみなさんにも本を通して出会うことができました。

私たちは今後も「Share Interest」（楽しさの共有）をテーマに、クリエイティブ制作、ガジェット、テクノロジーなどの情報や体験を発信し続けますので、またどこかでお会いしましょう。

Rec Plus

著者プロフィール

レック　プラス

Rec Plus

「Share Interest」（楽しさの共有）をテーマにクリエイティブ制作、ガジェット、テクノロジーなどの情報や体験を発信しているメディア『Rec Plus』を運営している。

ごろを：Content Creator / Editor / DaVinci Resolve認定トレーナー
でぐ：Director / Editor / DaVinci Resolve認定トレーナー

ホームページ：https://recplus.jp/
YouTube： https://youtube.com/@RecPlus

ホームページ

YouTube

センスがUP(アップ)する↗

動画編集の教科書

［カットつなぎ・構図・音・色・文字］

2023年 2 月15日　初版第1刷発行
2024年11月15日　初版第2刷発行

著　者：Rec Plus(レック プラス)

デザイン：武田厚志（SOUVENIR DESIGN INC.）
組　版：永田理恵（SOUVENIR DESIGN INC.）
編　集：三富 仁

印刷・製本：シナノ印刷株式会社

発行人：上原哲郎
発行所：株式会社ビー・エヌ・エヌ
〒150-0022　東京都渋谷区恵比寿南一丁目20番6号
fax: 03-5725-1511　E-mail: info@bnn.co.jp
URL: www.bnn.co.jp

Printed in Japan
ISBN 978-4-8025-1260-2